竹材
多尺度力学性能
测试与分析

李红波◎著

Multi-scale Mechanical Properties of Bamboo:
Testing and Analysis

化学工业出版社
·北京·

内容简介

本书通过对毛竹宏观竹材、维管束以及单纤维等做系统力学测试，研究竹材在不同结构尺度下的力学行为，建立竹材结构多尺度力学模型，揭示竹材良好力学性能的本质。

主要内容包括：绪论、竹材宏观结构力学性能测试、竹材篾片纵向力学性能试验、竹材细观尺度力学性能试验、竹材薄片与维管束纵向力学性能、竹材微观尺度力学性能试验、竹纤维与竹维管束纵向力学性能、竹材结构多尺度力学性能的关联。

本书可供从事竹木材科学研究、竹质资源有效利用、竹材深加工的科学研究、工业生产的相关技术人员阅读，还可作为普通高等学校力学、材料工程以及木材科学与加工等相关专业师生的教材或教学辅助用书。

图书在版编目（CIP）数据

竹材多尺度力学性能 ： 测试与分析 / 李红波著.
北京 ： 化学工业出版社，2025. 11. -- ISBN 978-7-122-49544-0

Ⅰ. S781.9

中国国家版本馆 CIP 数据核字第 2025YP7788 号

责任编辑：贾　娜　　　　文字编辑：袁　宁
责任校对：杜杏然　　　　装帧设计：王晓宇

出版发行：化学工业出版社
（北京市东城区青年湖南街 13 号　邮政编码 100011）
印　　装：河北鑫兆源印刷有限公司
710mm×1000mm　1/16　印张 9¼　字数 172 千字
2025 年 12 月北京第 1 版第 1 次印刷

购书咨询：010-64518888　　　　售后服务：010-64518899
网　　址：http://www.cip.com.cn
凡购买本书，如有缺损质量问题，本社销售中心负责调换。

定　　价：69.00 元　

前言

竹材作为一种天然材料，具有产量丰富、生长迅速、力学性能优异、对环境友好等特点，引起了人们的极大关注。

竹材生长迅速，对环境友好，在我国资源丰富。作为一种天然生物材料，竹材经过自然进化，结构得到优化，它质地坚硬、强度高、弹性好、性能稳定、密度小，是植物中作为结构材料的最好原料之一。将竹材及竹维管束作为原材料用于制备环保型绿色复合材料的相关研究越来越引起人们的重视，这不仅提高了竹材的使用价值，而且在一定程度上缓解了木材的供需压力。对竹材进行综合利用，开发具有高附加值的竹制产品，大力推广“以竹代塑”“以竹胜木”新理念，目前正成为我国竹质产业的重点发展方向。

竹材既是功能梯度材料，又是天然纤维增强复合材料。受外界环境（如风载等产生的应力）的刺激，竹子逐步改善其几何形状以及内部结构以满足强度、刚度的需要，最终使得竹材结构具有功能梯度材料的特点。作为天然纤维增强复合材料，竹材所表现出来的良好力学性能与其独特的宏观（竹秆）、细观（竹维管束）、微观（竹纤维）和纳观（纤维束微纤丝）结构有关。竹材是典型的多尺度层次结构，具有从亚细胞水平、细胞水平、组织水平到宏观尺度的多级复合结构。

从微观尺度到宏观尺度的精巧多级结构是赋予竹材良好力学性能的本质所在。前人工作已经为揭示竹材在不同尺度下的力学性能的变化规律做了不同程度的探索，也为开展竹材力学性能的跨尺度研究提供了可能，但目前相关研究还存在许多不足之处，更深层次探讨竹材多级结构力学行为，进而从理论高度全面揭示竹材灵巧结构形成机制的工作还有待深入开展。笔者近十年来对毛竹维管束的力学性能做了跨尺度研究，针对目前竹材力学性能研究中存在的问题做了一些积极探索。

全书共分 8 章，选择毛竹为研究测试对象，通过对毛竹宏细微观结构即竹材、篾片、维管束以及竹材单纤维等做系统力学测试，研究竹材在不同结构尺度下的力学行为，建立竹材结构多尺度力学模型，分析竹材结构宏、细、微观尺度力学性能间的关系，以期揭示竹材灵巧结构及其良好力学性能的本质，为竹材深加工、环保型竹基复合材料的制备以及开发新型仿生功能梯度材料等提供参考依据。

本书的撰写工作得到了西安交通大学机械结构强度与振动国家重点实验室开放课题“天然竹材多级结构力学行为跨尺度研究”（SV2015-KF-15），国家重点研发计划课题“杂粮作物机械收获力学特性研究”（2016YFD0701801），山西省回国留学人员科研资助项目“棉麻禾谷植物单纤维力学性能测试及纤维束复合材料界面表征”（2021-075）的资助，在此表示衷心的感谢。

由于笔者水平和专业知识所限，书中难免存在不足之处，敬请读者批评指正。

著　者

目录

第1章 绪论

随着社会对环境问题、可持续发展以及再生资源关注程度的提高，可再生、可循环、可持续利用及可生物降解绿色环保型复合材料的研制及应用已经迅速引起了人们的关注和重视。这类材料具有可循环利用和可降解的特点，而这恰是传统复合材料如玻璃纤维、芳纶纤维复合材料等所不具备的，后者在废弃物处理过程中往往会对环境造成污染。植物纤维增强复合材料就是一类典型的绿色复合材料，这类材料采用天然可再生植物纤维，如剑麻（sisal）、芭蕉（banana）、油棕（oil palm）、黄麻（jute）、洋麻（kenaf）、甘蔗渣、竹纤维以及木质纤维等作为增强材料，以热塑性可降解材料如淀粉、聚乳酸（PLA）等材料作为基体，它们价格便宜、能耗低，且对环境无污染，可部分替代现有的石油来源产品，是国内外复合材料领域研究的热点。有研究人员指出，采用先进绿色复合材料制造的汽车可以极大地减轻车身重量，它可使钢材车身减轻 50%～67%，使铝材车身减轻 40%～55%，使优质钢制车身减轻 25%～30%，这无疑将极大地降低汽车尤其是电动汽车的能耗比。目前这类生物复合材料作为非结构性材料已广泛应用于汽车部件（图 1-1）、交通运输、房屋建筑、装饰装修及包装等工程领域中。另外，随着研究的深入，通过纤维表面处理以及改变增强体的形式，天然纤维增强复合材料的力学性能也得到了很大改善，其应用已开始由非承载结构向次承载结构甚至主承载结构过渡。

天然纤维价格便宜（约 0.5 美元/kg），密度很低(约为 1.2g/cm^3)，这使得其具有良好的比强度、比弹性模量等优良特性（表 1-1）。与天然纤维相比，传统增强纤维无法循环使用、不易降解，而且制备过程中能耗大、价格高，如玻璃纤维价格为 3.5 美元/kg，碳纤维价格甚至达到了 200 美元/kg。

图 1-1　绿色复合材料在汽车部件中的应用

表 1-1　传统增强纤维和天然植物纤维的力学性能

纤维	密度/(g/cm^3)	拉伸强度/GPa	弹性模量/GPa	比强度/[GPa/(g·cm^3)]	比弹性模量/[GPa/(g·cm^3)]
玻璃纤维	2.60	3.50	72	1.35	28
碳纤维	1.75	3.00	235	1.71	134
Kevlar	1.44	3.90	131	2.71	91
剑麻	1.20	0.08～0.5	3～98	0.07～0.42	3～82
亚麻	1.20	2.00	85	1.60	71
黄麻	1.50	0.58	22	0.39	15
棉纤维	1.50	0.54	28	0.36	19
竹纤维	0.80	0.55	36	0.69	45

随着全球环境问题日益严峻和天然资源逐渐枯竭，传统的材料已不能满足需求，促使人们寻找一种符合要求且环保经济的替代品。竹材作为一种天然材料，具有力学性能优异、产量丰富、生长迅速、对环境友好等特点，引起了人们的极大关注。竹材是植物中作为结构材料的最好原料之一，它具有强度高、弹性好、性能稳定、密度小的特点。竹材力学性能非常优越，其抗拉强度（也作拉伸强度）达 530MPa，与优质铝合金强度相当，同时竹子的密度最高仅为 1.2g/cm^3，这使得它的比强度可与 ARALL（一种高性能的先进复合材料）相比。

竹材价格便宜，性能稳定，对环境又无害，可广泛应用于建筑工程，例如建造房屋以及搭建脚手架等。竹材生长迅速，一天就可以长高 15～18cm，2 到 3 年即可成材，而木材成材则需要 20～40 年。

表 1-2 给出了 2005 年世界天然纤维年产量，其中竹材年产量居第三位，仅次于木材和棉纤维。竹材在我国资源丰富，据国家林业和草原局 2023 年出版的《2021 中国林草生态综合监测评价报告》，截至 2021 年，我国竹林面积有约 756.27 万公顷，其中毛竹林面积约 527.76 万公顷，占竹林总面积的 70%左右，原始高山竹丛面积约 300 万公顷。2022 年，我国竹产业总产值接近 3200 亿元。根据 2021 年国家林业和草原局、国家发展改革委、科技部等 10 部门联合印发的《关于加快推进竹产业创新发展的意见》，到 2025 年，全国竹产业总产值将突破 7000 亿元，预计到 2035 年，我国竹产业总产值超过 1 万亿元。

表 1-2　2005 年天然纤维年产量统计数据[1]

纤维	种属	产量/10^3t	来源
木材（wood）	>10000 种	1750000	韧皮
棉（cotton）	Gossypium sp	18450	果实
竹材（bamboo）	>1250 种	10000	茎秆
黄麻（jute）	Corchorus sp	2300	韧皮
洋麻（kenaf）	Hibiscus cannabinus	970	韧皮
亚麻（flax）	Linum usitatissimum	830	韧皮
剑麻（sisal）	Agave sisalana	378	叶
大麻（hemp）	Cannabis sativa	214	韧皮
椰壳（coir）	Cocos nucifera	100	果实
苎麻（ramie）	Boehmeria nivea	100	韧皮
蕉麻（abaca）	Musa textiles	70	叶

竹材维管束的比强度、比刚度、比压缩强度以及层间比剪切强度等力学性能优异，它强度高、弹性好，并且密度小，比强度、比刚度等指标均优于木材、低碳钢和普通玻璃纤维增强塑料。因为其超强性能及其他因素如低成本、易利用、对环境无危害等，20 世纪 90 年代初人们就开始了对竹维管束复合材料的研究和竹纤维的结构仿生，竹维管束及竹纤维也可用于如水泥和混凝土、橡胶、热塑性塑料、热固性塑料甚至铝金属等材料的增强。由于玻璃纤维等材料难以降解，作为这些化工纤维的替代品，竹材及竹维管束作为原材料用于制备环保型复合材料的相关研究越来越引起人们的重视，这不仅提高了竹材的使用价值，而且在一定程度上缓解了木材的供需压力。我国木材资源日益紧缺，为了缓解木材资源的供需压力，人们提出了“以竹代木”，甚至“以竹胜木”的概念。2023

年5月25日，世界贸易组织在瑞士日内瓦举办“塑料污染与环境可持续塑料贸易非正式对话”工作会议，希望将“以竹代塑”倡议纳入国际、区域以及国家等不同层面的政策体系。2023年10月12日，为全面贯彻党的二十大精神，认真落实党中央、国务院决策部署，深入推进塑料污染全链条治理，加快推动“以竹代塑”发展，国家发展改革委、工业和信息化部、财政部、国家林草局联合印发《加快“以竹代塑”发展三年行动计划》。2023年11月7日，首届以竹代塑国际研讨会在北京召开。以竹代塑在全球环境治理方面有着巨大意义，竹材的价值越来越受到重视。对竹材进行综合利用，开发具有高附加值的竹制产品，大力推广“以竹代塑”“以竹胜木”新理念，目前正成为我国竹产业的重点发展方向。

竹材中的竹纤维也具有良好的物理力学特性，它性能稳定，是一种非常理想的新型绿色纤维材料，在造纸、纺织、竹纤维增强复合材料等众多领域具有良好的应用前景。竹纤维独特的空心多层薄壁结构也是人们研制仿生材料所关注的对象。

作为天然纤维增强复合材料，竹子与木材类植物均是典型的多尺度层次结构，它们的宏观性质是由其独特的微观和纳观结构决定的。就竹材而言，其基体是薄壁细胞，纤维增强相是由竹纤维组成的维管束组织，竹维管束的拉伸强度和弹性模量分别约为基体的20倍和10倍之多，是决定竹材力学性质最主要的影响因素。以往人们对竹材宏观结构性能研究较多，2010年前后，研究人员开始开展对竹纤维的力学性能的研究，相关测试仪器的开发更是促进了人们对竹纤维力学性能的深入研究。相比之下，对介于宏观和微观结构之间的组织即维管束做力学研究的文献并不多见，而对竹材做力学性能跨尺度研究的工作更是少之又少。

1.1 竹材力学性能基础

对竹子力学性能做研究，首先要了解竹子在不同尺度下的结构特征。在过去100多年的时间里，人们对竹类维管束解剖结构及其类型做了广泛而深入的研究。20世纪早中期，人们对竹子的结构做了大量研究，受制于实验条件，相关研究都是借助光学显微镜完成的。20世纪30年代，日本学者竹内树雄、宇野昌一就对11个属54个种与变种的竹子维管束做了研究，并把维管束分为α_1、α_2、β_1、β_2、β_3、γ等三类六型。我国李正理、靳紫宸等则在20世纪60年代开始利用维管束解剖形态来区分竹种。朱慧方教授于1964年将竹维管束分为断腰型、紧腰型、开放型和半开放型。1951 年，德国学者 Liese 率先把电镜用于竹类研究。20 世纪 70 年代，通过对亚洲 14 属 52 种竹材品种维管束形态、大小、排列等特征的观察，Grosser 和 Liese 将竹子维管束分为双断腰型、断腰型、紧腰型和开放型四类，在对竹纤维微观结构研究的基础上，建立了竹纤维多层厚壁细胞壁模型，并出版了 *The Anatomy of Bamboo Culms*[2]一书，对竹材茎秆结构做了最为全面的论述。20 世纪 80 年代，周芳纯对毛竹材宏观秆形结构、物理力学性质等做了详细研究，为研究竹林产量和编制竹材用表、分析不同竹种的物理力学性质的差异提供了重要依据。温太辉、周文伟对我国 28 个属 100 种和 5 个变种的竹材维管束解剖形态做了研究，将维管束分为双断腰型、断腰型、紧腰型、开放型和半开放型共 5 种类型（图 1-2）。自 20 世纪 90 年代以来，腰希申等研究人员通过将竹材碳化制样，

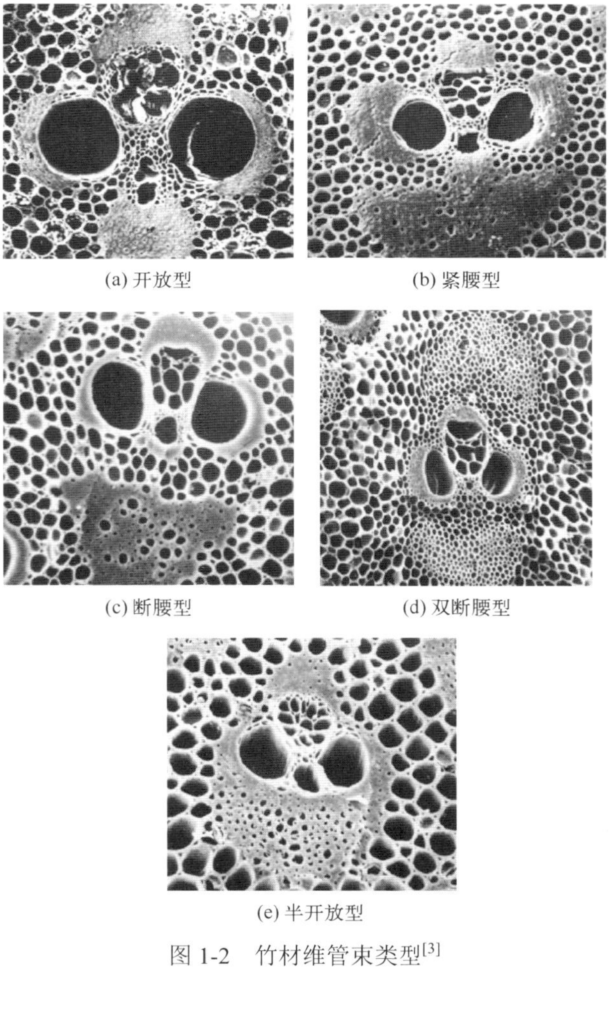

(a) 开放型　(b) 紧腰型　(c) 断腰型　(d) 双断腰型　(e) 半开放型

图 1-2　竹材维管束类型[3]

对国产 37 属（经重新归纳为 33 属）71 种竹材的表面微观形态、表皮层、皮层、维管束类型、基本薄壁组织、髓腔外围组织以及轴向分子的微观及超微观结构进行了系统的电镜观察、拍照和分析等工作，他们根据竹材解剖结构特征进行了综合评述与分种描述，对各个部位进行了探讨，得到了我国竹材解剖构造图谱，并建立了竹属解剖特征检索表，出版了《中国竹材结构图谱》一书[3]。这些工作极大地促进了人们对竹类的研究。

1.1.1 宏观结构（竹材）力学性能研究

在宏观尺度，可以将竹子看作一端固定一端自由的中空厚壁圆筒柱，它主要承受自重及外部载荷等作用。在外部载荷如风载的作用下，竹子将发生弯曲变形，用材料力学相关知识对其做受力分析发现，竹子中部及底部节间外表面位置处的应力保持不变，说明竹子宏观结构符合等强度设计原理。Amada 等对竹子各节间的长度、外径、壁厚等进行了测量，在此基础上，对竹子各节间的惯性矩、表面应力等沿竹子高度方向的变化规律做了研究，认为竹子不仅在径向上可以看作功能梯度材料，沿纵向也可以看作功能梯度材料，这样的灵巧结构使得竹子可以有效地抵御风载[4-6]。

为了分析湿度对竹材力学性能的影响，Chung 和 Yu 等[7]对搭建脚手架常用的毛竹（Phyllostachys pubescens）、撑篙竹（Bambusa pervariabilis）做了弯曲、压缩以及整体失稳性测试，发现湿度对竹材力学性能影响显著（表 1-3），同时还发现撑篙竹的物理力学性能沿竹材轴向较为稳定，毛竹则变化明显。

表 1-3　不同湿度情况下毛竹、撑篙竹力学性能[7]

湿度/%	撑篙竹				毛竹			
	$\sigma_{压}$	$E_{压}$	$\sigma_{弯}$	$E_{弯}$	$\sigma_{压}$	$E_{压}$	$\sigma_{弯}$	$E_{弯}$
<5	103	10.3	109	22.0	134	9.4	85	13.2
5～30	69	9.3	82	18.5	75	7.8	88	11.4
>30	48	6.8	52	16.4	57	6.4	76	9.6

其他研究人员也对撑篙竹和毛竹的力学性能做了研究，得到了与 Chung 和 Yu 类似的结论。Lo 等对湿度在 13%左右的毛竹和撑篙竹进行测试发现，二者力学性能差异明显，其中，毛竹抗压强度在 47.0～62.8MPa 之间，撑篙竹抗压强度在 37.7～62.0MPa 之间，因为毛竹抗压能力强，所以常作为支撑柱结构使用，而撑篙竹抵抗弯曲性能好，故常被用作承弯构件如横梁等使用。为了从根本上解释这两种竹材力学性能的差异，Lo 等[8]又在显微镜下对这两种竹材的维管束几何形态及类型做了观察，并给出了两种竹材的维管束增强体结构形态（图 1-3），比较

发现毛竹的维管束面积及分布密度较撑篙竹都要大。但 Lo 等没有讨论维管束类型对竹材力学性能的具体影响，另外，他们没有考虑撑篙竹维管束内侧纤维股的影响。实际上，毛竹维管束类型为开放型，撑篙竹维管束为断腰型，图 1-4 给出了两种竹材的维管束图谱。

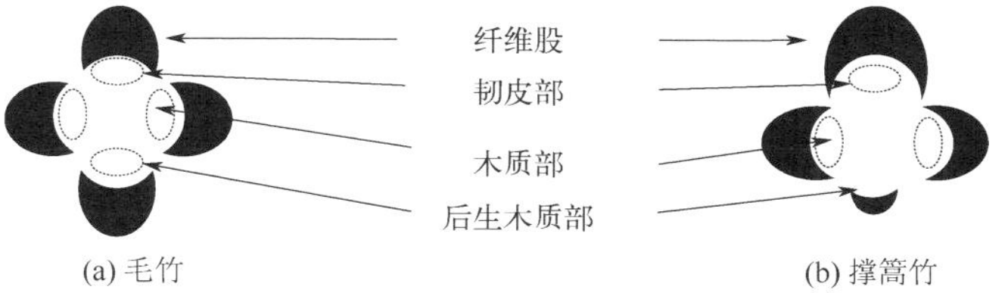

图 1-3　Lo 等建立的维管束模型[8]

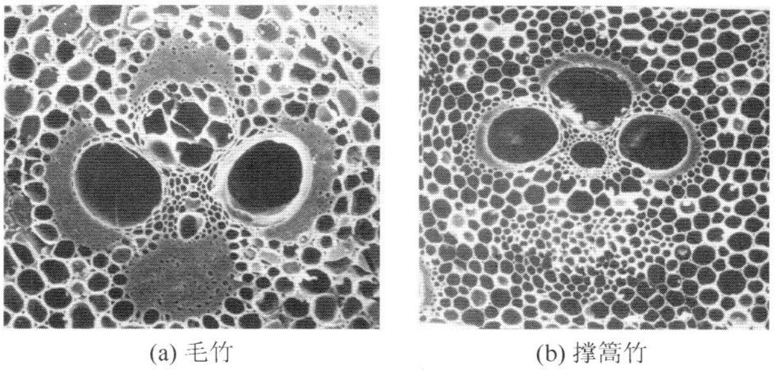

(a) 毛竹　　(b) 撑篙竹

图 1-4　不同竹材品种维管束类型[3]

冼兴娟等对毛竹和撑篙竹的研究表明，竹材主要是由起承载作用的纤维厚壁细胞和起连接并传递载荷作用的薄壁细胞组成。竹材就像是钢筋混凝土结构，其中纤维起到加强筋的作用。竹材具有良好的比强度和比刚度，是其厚壁细胞竹纤维排列整齐的结果。从宏观力学性能看，毛竹高于撑篙竹，靠上部大于基部，竹壁外侧优于内侧，这与纤维组织细密程度、纤维层厚和纤维密度等因素有关。

竹材的物理力学性质与竹材的竹种、竹龄、立地条件、含水率、高度部位、厚度部位等因素有关。竹材种类丰富，不同竹种的纵向拉伸力学性能会有明显差异。对宏观竹样的力学测试表明，竹材顺纹抗压强度随含水率的提高而降低，含水率在 30%以下时，抗压强度变化明显，含水率在 30%以上时，性能趋于稳定，当竹材处于绝干条件时，竹材质地变脆，使得强度反而下降。自竹秆基部至顶部，竹秆含水率逐步降低，容重逐步增大，力学强度随之逐步提高。竹壁外侧比内侧的力学强度高。竹材力学强度随竹龄的增长而提高，但当竹秆老化变脆时，强度反而下降。立地条件越好，竹材容重和维管束密度越小，其强度越低。

竹材内部结构是影响力学性能的关键因素，竹节的存在会显著降低竹材的抗拉强度，但对于竹材抗压强度有所增强。Amada 等对竹节横膈部位的拉伸试验表明，横膈为各向同性材料，其弹性模量与竹材节间部位基体的量值接近，该部位的纤维只是起着连接竹节与节间的作用，对竹材节间并没有起到加强的作用。在受外力时，由于竹节部位对竹子进行了加固，提高了竹子的抗劈强度和横向抗拉强度，竹子破坏不会从竹节部位开始。李世红等学者通过实验认为，竹节可使竹筒的横向承载能力提高 3 倍，极大地提高了结构的刚度和稳定性。对于茎节的作用，Niklas 则认为可以把茎节部位的横膈看作弹簧铰，当植株发生弯曲变形时，横隔部位也会发生变形，横隔起着储存变形能的作用[9]。

早在 1979 年，巴西的 Ghavami 等就开始尝试将竹材、椰壳纤维、剑麻及其他天然植物纤维应用于制备房屋建筑构件，他们发现竹材的比强度值较钢材的比强度值要高 6 倍，另外，生产 1m^3 钢材的能耗比竹材的要高 50 多倍，他们将竹材替代钢筋作为增强材料，用于混凝土制备结构构件如梁、板、柱等，并对竹制混凝土构件的力学性能作了测试，发现经过预处理的竹材可以替代钢筋用于制备建筑构件。

对毛竹圆竹的力学性能进行测定，一般采用 JG/T199—2007《建筑用竹材物理力学性能试验方法》和 GB/T 15780—1995《竹材物理力学性质试验方法》等标准。参考上述标准，研究人员对宏观圆竹及竹材顺纹方向的力学性能进行了测试研究[10-13]，获得了毛竹竹片顺纹方向的弹性模量、抗压强度、抗拉强度以及毛竹圆竹顺纹方向的抗压强度和抗剪强度等力学指标。郝际平等以毛竹为研究对象，选取 3～6 年生毛竹，收集了关于毛竹顺纹抗拉、顺纹抗压、抗弯和顺纹抗剪强度的 569 个数据，分别对毛竹强度标准值和设计值的确定提出方法，在满足可靠度的要求下得到了毛竹的强度设计值。

作为建筑构件，采用竹材搭建的结构既美观又环保，但竹材结构在搭建过程中的连接问题限制了它的广泛应用。对竹制结构的固定一般采取捆扎或钻孔的办法，但捆扎容易出现松动，钻孔又易使得竹材劈裂，从而影响结构承载能力。由于竹材横向力学性能差，易劈裂，木结构中常用的榫卯连接也不太适用于竹材。为了解决这个问题，Albermani 等制造了适用于竹材双层格构体系的 PVC（聚氯乙烯）接头，并对该格构体系作了承载测试和数值模拟，测试结果表明，该格构体系可用来搭建轻型中度跨径竹结构建筑。2007 年，湖南大学承办了首届现代竹结构国际研讨会，会议就竹材生产、竹材加工、现代竹结构技术及相关竹产业等议题进行了探讨。肖岩教授课题组于 2007 年将竹材用于结构桥梁建设，成功建成了世界上首座竹材人行桥、首座通行车辆的竹结构桥梁以及首座现代竹结构活动房。这些研究极大地促进了竹材在工程领域的应用。

竹材微观结构与木材有较大的差异，在竹材每一节间内维管束组织严格纵向排列，沿壁厚方向分布又不均匀，这使得竹材力学性能呈各向异性：轴向抗拉及抗压强度高、弹性大，横向抗拉及抗压强度低、弹性差，竹材极易发生纵向劈裂。由于竹材截面呈圆形，横向尺寸很小，无法加工成拉伸试样做测试。以往人们对竹材力学性能的研究主要是测取竹材纵向强度，一般通过拉伸、压缩和抗弯试验对其进行测定。而竹材其他力学特性，如纵向剪切、横向抗拉能力等，虽然也影响着竹材的整体性能，但很少有人对其作研究。

一般认为，竹材为横观各向同性材料，材料在横截面内沿径向和横向力学性能相同。为了研究竹材的横向力学性能，Torres 等对竹材瓜多竹 Guadua angustifolia 和毛竹 P. pubescens 分别作横向测试，通过计算得到了竹材的横向弹性模量，其中，瓜多竹为(485±172)MPa，毛竹为(1685±132)MPa，同时还发现，瓜多竹横向弹性模量随高度自下向上依次递增，基部、中部和上部节间的值分别为(344±98)MPa、(465±126)MPa 和(651±153)MPa，而毛竹横向弹性模量则与竹材高度无关。García 等从瓜多竹上截取部分竹筒圆环作了弯扭测试，用电测法测量应变，通过计算得到竹材基部、中部以及梢部的径横向泊松比分别为 0.43、0.14 和 0.12，同时测得竹材横向弹性模量的平均值为 398MPa，径横向剪切模量为 581MPa。车慎思、张培瑞等在对纵向竹材作拉伸和压缩的试验中采用电测法对试样的横向应变做了测量。他们发现，毛竹受拉时泊松比变化范围介于 0.24～0.30 之间，平均值为 0.2822；在压缩测试中，得到竹材抗压试样的泊松比变化范围介于 0.23～0.32 之间，平均泊松比为 0.2658。Mitch 设计了开孔插销拉伸劈裂法（split pin test-method），对竹材的抗劈特性做了研究，得到竹材品种 B. stenostachya 的平均横向抗拉强度为 1.06MPa。Mitch 设计的开孔插销拉伸劈裂法虽然可以测试竹材的横向力学性能，但该方法不易操作，为此，Sharma 等采用更为简便的边缘承载法（edge-bearing test method）对竹材进行径向压缩测试，他们对人面竹 Phyllostachys aurea 和刺竹 Bambusa stenostachya 的整根竹材横向力学特性做了研究，分析了竹材的横向承载能力。

Amada 和 Untao 对含裂纹的 2 岁毛竹试样做了拉伸测试，得到毛竹节间的断裂韧性平均值为 56.8MPa • $m^{1/2}$，竹节的断裂韧性平均值为 18.4MPa • $m^{1/2}$。Low 和 Che 通过弯曲方法对 1 岁、5 岁竹材 Sinocalamus affinis 做了断裂韧性测试，得到竹材断裂韧性值分别为 8.0 和 5.5MPa • $m^{1/2}$。黄盛霞、邵卓平采用弯曲测试方法测得 6 岁毛竹的断裂韧性值平均为 4.85MPa • $m^{1/2}$，测试结果与 Low 和 Che 的结果接近。Mitch 用开孔插销拉伸劈裂法测得竹材品种 B. stenostachya 的平均断裂韧度为 0.174MPa • $m^{1/2}$。从上述数据可以看出，不同测试方法测得竹材的断裂韧性值存在很大差别，这是因为竹材为各向异性材料，虽然上述研究人员都采用 K_{I} 表示竹材的断裂韧性，但竹材在不同方向的性能存在很大区别，纤维沿纵向平行排列，所以竹材纵向力学性能优良，而沿横向纤维之间粘接能力差，所以力学性能差，易发生劈裂。

Amada 和 Untao[6]在对毛竹断裂特性测试中发现，竹材的断裂韧性值与竹材中维管束的体积含量成正比关系，维管束分布密度高的地方，断裂韧性高，反之则低。Tan 等[14]对毛竹开展了微观力学研究，观察了试样的裂纹扩展机制，研究表明，竹材力学行为与其微观结构力学特性有很大关系。

作为天然纤维增强复合材料，竹材力学性能优异，这与其增强体——维管束的分布有很大关系，维管束分布不均匀，外层致密，内部逐渐变得稀疏。组成维管束的竹纤维具有独特的细胞壁结构：初生壁和薄厚交替的多层次生壁复合而成的微纳米结构中，各层微纤丝以不同升角分布，相邻层间微纤丝角逐渐变化，避免了几何和物理方面的突变。

竹材的结构符合以最少的材料，发挥最大效能的原理。在分析了竹材及其他植物茎秆优良力学性能与其微观结构关系的基础上，研究人员仿照植物茎秆的独特结构设计了改良的管材结构以及减震装置。分析发现类竹材的仿生结构力学性能比同样的薄壁圆管更为合理，其承重能力甚至可以提高 44.7%[15]。按竹材截面的纤维分布模式制成的玻璃纤维增强树脂试样，其界面剪切强度比未仿生的材料可以提高 15%[16]。中国台北 101 大厦，就是利用了竹节可提高竹子结构的刚度和稳定性的特点建造的，其每隔八层楼用桁架横向连接立柱，抗震性能非常好。

1.1.2 竹维管束、竹纤维提取方法

竹材良好的力学性能，与其细观结构的性能和组成密切相关。研究人员对竹材做了压缩试验，发现维管束中的厚壁纤维是竹子的主要支撑组织，通过对竹子厚壁纤维的研究可以很好地解释竹子的力学特性。

在细观尺度下，竹材由起输导作用的维管束组织及薄壁细胞组织组成；微观尺度下，维管束由竹纤维组成。为了获取竹维管束以及竹纤维，人们采用了不同的处理方法。竹维管束及竹纤维用途广泛，不同行业对竹维管束以及竹纤维的基本性能要求不尽相同，其加工方法也有所不同。对竹维管束以及竹纤维的加工制取方法主要有机械方法、化学方法、机械化学结合法、生物酶处理法以及超声波方法等。

（1）机械方法

该方法获取的竹维管束主要用于手工艺编织及其增强纤维加工工艺，如通过拉丝机生产的不同粗细的竹丝以及手工剖出的竹篾等。对竹维管束进行提取的机械方法还包括机械碾压法（crushing）、蒸汽爆破法（steam explosion）等，在此基础上，再进一步采用机械梳洗法得到较粗的竹纤维（图 1-5）。这些机械方法得到的竹维管束一般含木质素及胶质较多，品质较差且很硬，适用于手工艺编织、装饰品加工以及制备复合材料等，不适用于服装加工业。采用机械碾压法容易对竹

维管束造成损伤，如 Okubo 等将用蒸汽爆破法提取出的竹维管束用于制备聚丙烯基复合材料，发现用该方法制备的复合材料比采用机械碾压法提取出的竹维管束制备的复合材料强度和弹性模量分别提高了 15%和 30%。另外，也有研究人员采用细端铣削技术获取竹维管束。

图 1-5　机械方法提取出的竹维管束[17]

（2）化学方法

竹材中的基体材料为薄壁细胞，其主要化学成分为木质素。竹纤维的主要成分包括纤维素（cellulose）、半纤维素（hemicellulose）和木质素（lignin），它们在竹纤维中的质量比高达 90%，其他成分还有蛋白质、果胶质以及灰分等。其中坚硬的结晶纤维素大分子 $C_6H_{10}O_5$ 每一基环含有 3 个羟基，这些羟基在分子内或分子间产生氢键结合力与共价结合力，并使植物纤维具有亲水性，具有较高的强度和模量，它们在纤维中形成微纤丝（cellulosemicrofibril），是纤维细胞壁的骨架，在湿润情况下，纤维素弹性模量约为 134GPa；半纤维素由多种糖单元组成的复合聚糖组成，是纤维之间以及微纤丝之间的连接纽带及填充物，弹性模量约为 40MPa；木质素是胞间层和微纤丝之间的一种芳香族高分子化合物，其弹性模量约为 2GPa。

目前包括竹纤维在内的植物纤维被认为是一种重要的纤维原材料，复合材料工业领域对其非常重视，对植物纤维的加工提取、化学改性、结构改良、力学特性及热学特性等方面的研究极大地促进了其在复合材料工业中的使用。研究人员开发了多种方法提取植物纤维并对其改性，使其更易于与聚合物基体结合。采用化学方法主要是设法除去木质素，这类方法包括碱处理法、酶工艺法。

碱处理法或丝光处理法（mercerization）是纤维素纤维改性最古老的方法之一，即用碱液处理纤维。该处理方法能使纤维中的部分果胶、木质素和半纤维素等小分子杂质发生溶解，继而改变纤维素微纤丝角的大小，使分子取向度提高，也可以使纤维的直径降低、长径比增加、纤维的强度和模量升高，以及使纤维的氢键断裂等。另外，使用该方法可以除去纤维表面的杂质，使纤维表面变得粗糙，从而增加纤维与基体的有效接触面积，提高纤维与基体之间的结合能力。

研究人员发现，不同碱液浓度会对植物纤维结构造成影响。Mwaikambo 和 Ansell 用 NaOH 溶液对剑麻纤维处理后发现，不同的碱液浓度会对纤维的初生壁和次生壁结构造成影响，从而改变纤维的强度和刚度。他们认为用浓度为 0.16% 的碱液处理后的纤维强度和弹性模量最为优异。Kushwaha 和 Kumar 将编织竹席用不同浓度（1%，2%，5%，10%，15%，20%，25%）的 NaOH 碱液做浸泡处理后，分别制备了竹/环氧树脂复合材料和竹/聚酯复合材料，他们对复合材料分别做了拉伸、弯曲以及冲击试验，得到了复合材料的力学参数。通过比较，他们发现 5%碱液处理的竹塑复合材料性能最好，碱液浓度过高会减弱复合材料的力学性能。Ray 等从碱液处理后软化的竹材篾片中提取出了完整的维管束，对由不同浓度碱液（10%～30%）提取出的维管束做测试发现，用 10%的 NaOH 溶液浸泡软化后可以溶解掉部分薄壁细胞(基体)，但对维管束的力学性能影响很小。Osorio 等对瓜多竹维管束大纤维分别用不同浓度（0%，1%，3%和 5%）的碱液做浸泡处理、拉伸测试发现，瓜多竹维管束的强度和弹性模量分别为 800MPa 和 43GPa，不同碱液浓度对维管束力学性能有所影响：碱液浓度在 1%～3%之间时，随着碱液浓度的增加，维管束力学性能有所提高，用 3%的碱液处理后，维管束强度可提高 10%，弹性模量可提高 25%。碱液浓度在 5%时，力学性能又有轻微降低。而对制备的竹维管束大纤维/环氧树脂复合材料做弯曲测试发现，碱处理对复合材料力学性能影响不是很明显。

在对竹纤维作研究的过程中，一般采取化学离析法提取竹纤维（图 1-6），如余雁等[18-20]采用纤维离析液（30%过氧化氢：冰醋酸：水=4：5：21）提取出竹纤维用于力学测试。离析温度一般选为 80℃，时间为 24～36h。

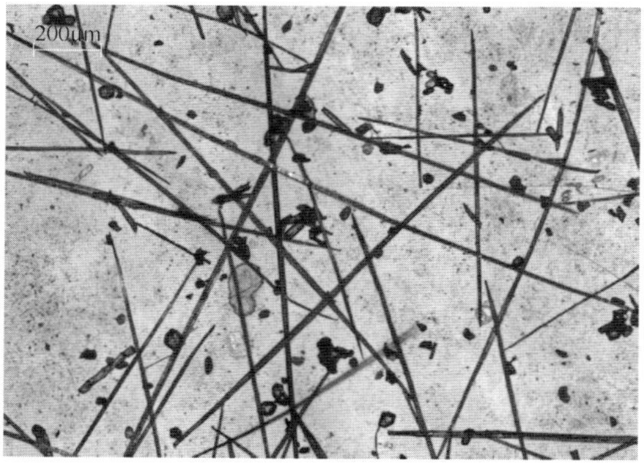

图 1-6　离析法提取竹纤维

（3）机械化学结合法

由于竹材结构坚硬，化学物质不易渗入竹材体内，所以在对竹材的化学处理中，一般需要机械破碎手段加以辅助。这类加工方法多用于造纸行业。其基本工艺包括备料、蒸煮、洗筛、净化和漂白等。

（4）超声波方法

清华大学的冯西桥等人采用超声波方法提取了包括蚕丝、胶原纤维、棉纤维、竹纤维等在内的各种纳米级的生物纤维，得到的生物纤维质地均匀，可以满足工程上的使用需求。

近年来，竹纤维的开发应用是纺织材料探索中的一个热点，人们将其笼统地称为“绿色纤维”。实际上，根据处理方式的不同，竹纤维可分为两类：竹原纤维和竹浆纤维。竹原纤维采取机械方式加工提取，加工过程中不用化学处理，所以竹原纤维又被称为纯天然纤维或绿色纤维。而竹浆纤维则在加工过程中使用了化学试剂处理，在加工过程中纤维会发生溶解，纤维的形态特征会发生变化，得到的竹纤维实际是竹浆黏胶纤维，这种纤维已经无法体现竹纤维自身凉爽、透气、吸汗、环保的特点，故被称为再生竹纤维或人造竹纤维，而不能称为绿色纤维。鉴于用碱处理法处理的纤维会对人体及环境造成危害，人们已开始采用生物酶加工的方法获取竹纤维。

1.1.3 细观结构（竹维管束）力学性能研究

竹材既是功能梯度材料，又是天然纤维增强复合材料。受外界环境（如风载等产生的应力）的刺激，竹子逐步改善其几何形状以及内部结构以满足强度、刚度的需要，最终使得竹材结构具有功能梯度材料的特点。竹子又是天然纤维增强复合材料，其增强纤维是维管束，基体是薄壁细胞。沿竹壁径向靠近外皮层即竹青位置处，竹维管束分布致密，直径细小，而在靠近竹壁内侧髓环即竹黄位置处维管束分布变得非常松散，整体而言，竹维管束分布密度沿竹壁径向自内到外逐渐增加（图 1-7）。

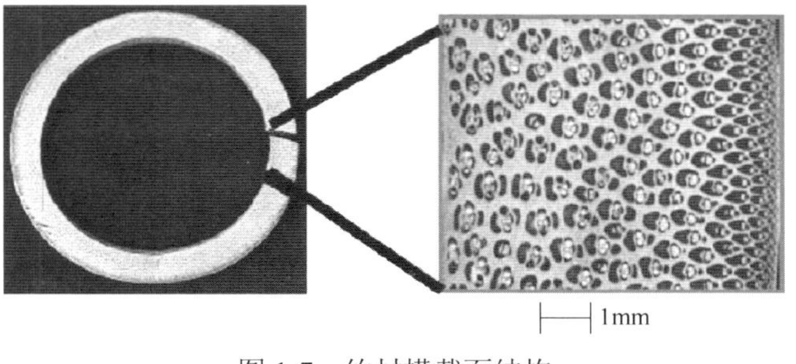

图 1-7　竹材横截面结构

研究表明，竹材宏观力学性能与竹壁中维管束体积含量分布呈正线性关系。维管束体积含量沿径向的分布规律有线性、二次函数和指数型等不同形式，Xu等[21]通过深度学习发现维管束体积含量分布规律沿径向更符合指数形式。

竹维管束结构包括纤维束鞘、初生韧皮部、后生木质部导管以及薄壁细胞等（图 1-8）。其中，初生韧皮部位于木质部外侧，由筛管、伴胞和韧皮薄壁细胞组成；后生木质部由两个孔径较大的孔纹导管和两个孔径较小的螺纹、环纹导管组成；纤维束鞘由大量壁极厚、腔极小的纤维细胞组成，它们聚集成束，包围在韧皮部和木质部外围，对维管束起支撑保护作用。初生韧皮部有一定密度，后生木质部导管中空，无密度，一般将初生韧皮部和后生木质部导管在维管束中视为孔隙部，它们对维管束强度无贡献，薄壁细胞被视为多孔相材料。

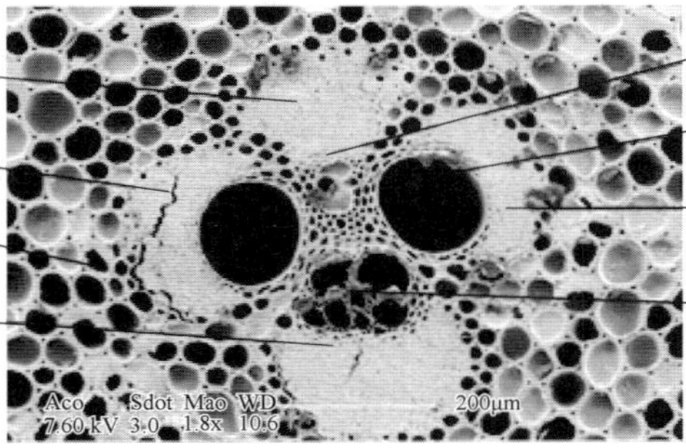

图 1-8　维管束横截面形貌

针对竹材的功能梯度特性，Silva 使用有限元和多尺度均质化理论对竹材的结构力学行为做了分析，并对竹子承受拉、压、扭转和弯曲载荷作用时的情况分别做了模拟。分析认为，竹材微观结构的变化对竹材力学性能有很大影响，在研究竹材力学性能的过程中，必须对竹材微观结构的梯度变化有所考虑。

维管束含量可以用半径的函数表示。其纤维体积含量与其力学性质密切相关，在竹子节间的横截面上，竹子纤维密度沿径向由里向外呈梯度递增，外部致密，v_f为 60%～65%，内部稀疏，v_f为 15%～20%，竹子维管束拉伸强度比基体（木质素）拉伸强度大得多（表 1-4），竹子韧皮纤维是决定其力学性质最主要的影响因素，在细观尺度上，竹子也属于功能梯度材料。

表 1-4　竹木材力学性能数据[6]

材料	拉伸强度/MPa	弹性模量/GPa	密度/(g/cm^3)
雪松（cedar）	29.3～48.5	4.4～9.8	0.29～0.46
冷杉（fir）	30.7～33.8	5.9～6.7	0.31～0.34
松树（pine）	34.0～41.6	6.5～8.8	0.35～0.42

续表

材料	拉伸强度/MPa	弹性模量/GPa	密度/(g/cm^3)
云杉（spruce）	31～40	7.3～8.5	0.38
山核桃（hickory）	62.5～81.0	8.9～11.4	0.56～0.67
橡树（oak）	47.7～74.9	7.9～12.4	0.53～0.61
竹材维管束	610	46	1.16
竹材基体	50	2	0.67
竹材整体	140～230	11～17	0.6～1.1

Low 和 Che 使用同步辐射技术（synchrotron radiation diffraction）研究了慈竹［Sinocalamus affinis (Rendle) McClure］的细观结构，使用维式压痕（Vickers indentation）技术测量了竹子的硬度，通过试验测取竹子宏观结构在弯曲、冲击及断裂等方面的力学性质，讨论了竹龄对竹材力学性能的影响。研究发现，竹子的弹性模量、强度（柔性或冲击）及断裂韧度在壮年期（2.5～4 岁竹龄）比衰老期（5～6 岁竹龄）要大；竹子节间的硬度由里到外呈梯度变化，顺纹方向则几乎保持不变；不管是纵向还是横向，竹子硬度均与施加的载荷有关，这可能是压痕的尺寸效应引起的；压痕过程中，竹子接连发生接触-损伤-蠕变现象；断裂测试过程中，竹子具有良好的抗断裂能力，这是由于裂纹分叉、纤维脱黏以及裂桥等相互作用耗散了能量。

竹子质地坚硬，其维管束和基体材料紧密地结合在一起，一般很难从竹子中直接提取出完整且长度合适的维管束，所以，竹维管束的力学参数一般是通过对竹材薄片做测试间接获取的。Nogata 和 Takahashi 对竹材小试样做拉伸测试，采用复合材料混合定律计算公式间接计算出基体的抗拉强度、弹性模量以及密度，分别为 25MPa、2GPa 和 1360kg/m^3，维管束的抗拉强度、弹性模量以及密度分别为 810MPa、55GPa 和 1050kg/m^3[22]。Amada 等通过对毛竹竹片的拉伸测试，采用复合材料混合定律计算公式间接计算出竹维管束拉伸强度约为 600MPa，该值是基体强度值的 12 倍，其弹性模量（46GPa）也远大于基体的弹性模量（2GPa）；采用环向压缩测试得到环向压缩强度和弹性模量分别为 23MPa 和 2GPa[4,5]。结合竹材维管束和基体的密度以及宏观竹材密度，Ray 等[23]利用复合材料混合定律计算公式对维管束平均体积含量做了计算。

国内外一些学者已经对竹子的宏观细观力学性质做了研究。在对竹材细观结构力学性质研究过程中，研究人员普遍利用复合材料混合定律计算公式对竹材维管束和基体的抗拉强度、弹性模量等参数做预测，但他们没有对维管束和基体作测试，所得结果也不尽相同，因此有必要进一步通过试验对维管束和基体的性能加以验证。

要从竹材中提取出既直又长兼品相完整的维管束是很困难的。虽然竹维管束大纤维力学性能优异、可生物降解，但因为竹维管束难以提取，所以用竹维管束制备复合材料价格较为昂贵。20 世纪 90 年代，人们才开始开展将竹维管束大纤维用于纤维复合材料制备的研究工作，21 世纪初相关方面的研究才逐渐多了起来。以前人们多采取机械碾压或蒸汽爆破等方法提取维管束大纤维，但得到的维管束大纤维容易受到机械损伤，影响其在复合材料中的使用，复合材料领域的发展迫切需要找到能够提取出高质量（无损伤）维管束大纤维的加工工艺。

鲁汶大学的 Osorio 等提出了一种新型物理加工方法（不用化学处理，也不用高温条件），用于提取足够完整的维管束大纤维，但为了技术保密，他们并没有对该方法做详细说明。Osorio 等对竹维管束做了拉伸测试，得到的竹维管束的强度和弹性模量分别为 800MPa 和 43GPa，但由于他们获取的维管束主要来自竹壁内部位置，相关测试结果无法反映出竹维管束力学性能沿竹壁厚度的梯度变化。

印度研究人员 Ray 等用碱处理法成功地从竹材品种 Valki 中提取出了完整的竹维管束，他们用扫描电镜对竹维管束微观结构进行了观察，并对维管束做了拉伸测试。观察发现，竹材表皮位置处的维管束近似呈圆形，沿壁厚往内，维管束截面形状逐渐发生变化，竹壁内部位置处的维管束多呈椭圆形，维管束鞘分成了四部分，且尺寸变大。测试发现，外表皮层维管束排列致密，基体很少，其强度几乎是内表皮层强度的 4 倍。另外他们还发现，维管束含有许多呈蜂窝状排列的厚壁纤维，纤维截面呈五边形或六边形，彼此由胞间层间隔。与木材次生壁类似，竹纤维也由许多细长微纤丝呈螺旋状缠绕而成。对不同碱液浓度提取出的维管束测试发现，浓度为 10%的 NaOH 碱液可以除去维管束周围的基体组织，同时对维管束强度不造成影响，而浓度为 20%和 30%的碱液则会对维管束强度造成影响。

安徽农业大学的黄盛霞、邵卓平等从 6 岁毛竹竹片中抽取出竹维管束，并对其做了拉伸测试，得到维管束顺纹抗拉强度和弹性模量的平均值分别为 482.2MPa 和 33.9GPa。但由于采取抽取的方法提取维管束，极可能对维管束造成机械损伤，从而对维管束的测试结果造成影响，另外他们也没有对维管束抽取部位加以说明。

国际竹藤中心的尚莉莉等对机械剥离出的完整毛竹维管束进行了力学测试，测得毛竹维管束的拉伸强度为 709.96MPa，弹性模量为 44.67GPa。邵卓平等将竹壁平均分为 6 层，同样采取机械剥离法获得毛竹维管束，测得其抗拉强度和拉伸弹性模量分别为 523.2MPa 和 22.3GPa，且沿竹壁自内向外逐渐增大。笔者[24,25]用 10%NaOH 溶液处理得到毛竹维管束，拉伸结果表明维管束的抗拉强度和弹性模量自内向外呈线性递增。江南大学的 Fu 等通过生物处理法获得竹维管束，拉伸结果表明干维管束的拉伸率高于湿维管束，但伸长率低于湿维管束。美国马里兰大学胡良兵团队[26]采用“化学脱木素-自然风干法”提取了竹维管束，测得维管束的平均抗拉强度高达(1.90±0.32)GPa，弹性模量高达(91.3±29.7)GPa，测试结果远高于大多数天然纤维、聚合物基合成纤维、人造矿物纤维等，甚至可与部分碳纤维相媲美，该方法为顺利从坚硬竹材中提取出长且完整的竹维管束提供了一个很好的借鉴方法。不同提取方法对薄壁细胞和纤维的形态与化学成分影响不同，造成测试得到的维管束力学性能有所差别。相比而言，机械分离法对纤维和薄壁细胞的破坏更为明显，化学分离法可得到较为完整的薄壁细胞与纤维。

将竹维管束提取出来并对其做力学测试的工作费时费力，目前这方面的系统研究还很少。对竹材体内维管束力学性能沿竹材径向、纵向的变化规律的试验研究尚需深入。笔者对竹维管束开展了这方面的研究工作，并取得了一些进展[24,25]。参考我们提取竹维管束的方法，尚莉莉等采用蒸煮法（100℃下加热 4h，冷却，反复 5 次）软化了竹材薄片，借助体视显微镜成功提取出毛竹维管束并对其做了拉伸测试。国际竹藤中心的黄艳辉等[27]也采用蒸煮法提取出毛竹维管束并做了拉伸测试，给出了维管束强度和弹性模量的变化范围。同 Osorio 等[17]的工作一样，尚莉莉仅对竹壁内壁、中间和外壁部位的维管束做了测试，黄艳辉则仅对竹壁外壁竹青位置处的维管束做了测试，他们所得的测试结果也无法反映竹材中维管束力学性能沿壁厚的梯度变化。

1.1.4　微观结构（竹纤维）力学性能研究

（1）竹纤维几何形状

竹纤维处于纤维束鞘或纤维股中，竹纤维细胞一般较为细长，故长细比很大，其两端尖锐，有时在端部会出现分叉现象，相邻纤维互相穿插，沿纵向交错排列。在竹材节间位置，观察竹材维管束横截面发现，竹纤维相靠紧密，粗细不一，截面多呈六边形，有助于它们更加紧密地靠在一起。纤维直径细小，外表皮层处纤维直径约为 10μm，竹壁中部纤维直径约为外侧直径的 2～3 倍，细胞壁较厚，纤维壁上有纹孔沟通，但通导能力小，纤维群几乎包围了组成维管束的其他细胞，其横断面积超过其他细胞共同的横断面积，有的竹种甚至在 1 倍以上。

竹材中纤维长度、粗细程度与其在竹秆中所处位置及竹种都有关。对毛竹的解剖性质研究发现，纤维长度总趋势为由基部向上增加，在中部达到最大，往上又开始下降；纤维直径则一直有增大的趋势。在同种竹材中，沿竹秆轴向，纤维长度在竹秆中部最大，梢部最小；纤维在基部最粗，中部次之，梢部最细。沿竹壁厚度方向，一般中间部分纤维长度最长，直径最大，内部次之，外部最短。

张静文等对刚竹属 34 种散生竹的纤维形态、组织比量以及纤维素含量进行了测试，测得 34 个竹种竹材的纤维长度为 1.545～2.119mm，纤维直径为 12.20～17.64μm，长径比为 96.6～150.4，壁腔比为 2.46～5.62，纤维组织比量为 29.47%～56.55%。马灵飞等则研究了 10 属 41 种丛生竹材的纤维形态、组织比量以及纤维素含量，结果表明：41 种竹材纤维长度为 1.88～3.04mm，纤维直径为 12.4～20.8μm，长径比为 101～210，壁腔比为 2.3～5.0，纤维组织比量为 13.87%～54.96%。蒋建新等对毛竹等竹材的纤维形态做了研究，得到毛竹纤维平均长度为 1.254mm，平均直径为 10.404μm，纤维长径比为 121，壁厚 6.3μm，壁腔比为 4.20。

（2）竹纤维壁层结构模型

竹纤维是由薄厚交替的壁层构成的，每个壁层又由更为细小的微纤丝构成，微纤丝按螺旋方式排布，在厚壁中微纤丝相对纤维轴向螺旋升角（即微纤丝角，MFA）较小，在薄壁中的微纤丝角近乎直角，可将竹纤维视为由微纤丝构成的空心多层厚壁圆筒模型。这种层状竹壁结构在竹壁周围的纤维上表现十分明显，对竹材的抗弯强度有重要意义。

Parameswaran 和 Liese 于 1976 年研究了 7 种竹材的纤维细胞壁结构，结果发现，大部分纤维并没有明显的层次，而在竹材皮层位置处的厚壁纤维中可以看到清晰的多层结构，不同竹种纤维层数有所差别，最多可达 18 层。窄层微纤丝角在 80°～90°之间，宽层微纤丝几乎与细胞长轴平行，微纤丝角一般在 2°～20°之间，且越接近细胞腔，微纤丝角越大。胞间层木质素含量高，窄层中木质素的含量要高于宽层。他们测试发现，一个含有 8 层结构的纤维细胞壁从胞间层到细胞腔的各层厚度依次为 0.06μm、0.12μm、0.08μm、0.60μm、0.11μm、1.86μm、0.30μm、2.7μm。可以看出，宽层和窄层都由细胞外向细胞内逐步增厚。

结合观察现象，Parameswaran 和 Liese 给出了厚壁竹纤维的壁层结构模型，从胞间层开始，竹纤维细胞壁层依次为：初生壁 P、次生壁过渡层 S0（该层不常出现）、S1-l、S2-t、S3-l、S4-t、S5-l、S6-t 等。其中，l 和 t 分别表示微纤丝角偏向于轴向和横向（图 1-9）。

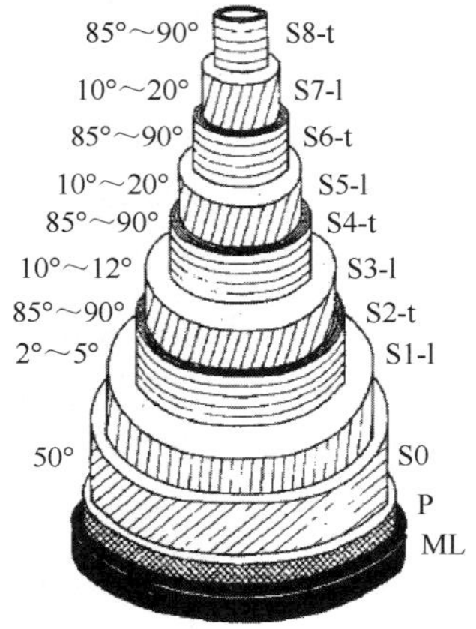

图 1-9　厚壁竹纤维多层结构模型（左侧给出了微纤丝角，右边字母表示细胞壁层）

Wai 等于 1985 年研究了灰竿竹（Bambusa polymorpha Munro）纤维制浆过程中纤维形态的变化，也发现竹材纤维次生壁由宽窄层交替构成，但纤维股和纤维束鞘中纤维细胞壁的层数有所差异，其中纤维股处纤维壁一般有 3～4 个宽层，纤维束鞘一般只有 1 或 2 个宽层。纤维束鞘次生壁木质素含量比纤维股相应位置处要高，同 Parameswaran 和 Liese 一样，他们也发现次生壁窄层中木质素的含量要高于宽层。Wai 等给出了竹纤维的壁层结构模型（图 1-10），他们用 L1、L2、L3 等表示次生壁由外向内的宽层，他们发现宽层中微纤丝角几乎不变。用 N1、N2、N3 等表示次生壁的窄层，窄层越往内越薄，各薄壁微纤丝角在 30°～90°之间，但大多数为 30°～45°。同时发现，窄层内、外有两个过渡层（用 t 表示），过渡层微纤丝变化较陡。这些现象与 Parameswaran 和 Liese 所观察到的现象不一致。

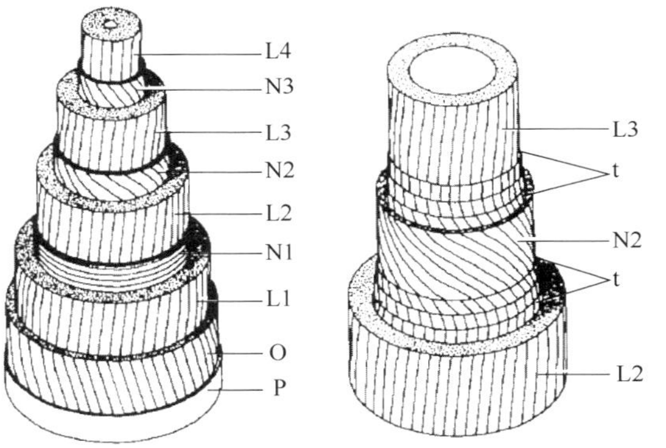

(a) 纤维股纤维壁结构　　(b) 宽窄层间的过渡层

图 1-10　灰竿竹纤维多层结构模型

余雁等利用原子力显微镜对毛竹纤维的微纤丝取向做了观察，发现毛竹纤维初生壁微纤丝呈无序排列，而胞腔内壁的微纤丝角接近于 90°，该结果与 Parameswaran 和 Liese 所得结果一致。

竹纤维在初生壁及胞腔内壁的微纤丝排列模式与木材纤维对应壁层的微纤丝排列模式类似，但在次生壁的壁层结构及微纤丝排列方式方面，竹纤维则比木材纤维要复杂得多。木材纤维壁层一般分为初生壁和次生壁，次生壁又细分为 S1、S2、S3 层，其中 S2 层最厚（图 1-11）。

（3）竹纤维力学性能研究

植物纤维的形态决定了其力学性能测试的难易程度，纤维越长，测试越容易实施。与棉纤维、麻纤维相比，竹木纤维尺寸微小，长度一般在 1～4mm，直径仅为 5～40μm，测试过程中易产生机械损伤，难以夹持和准确定位，因此对竹木纤维力学性能的测试被认为是一个国际性难题。

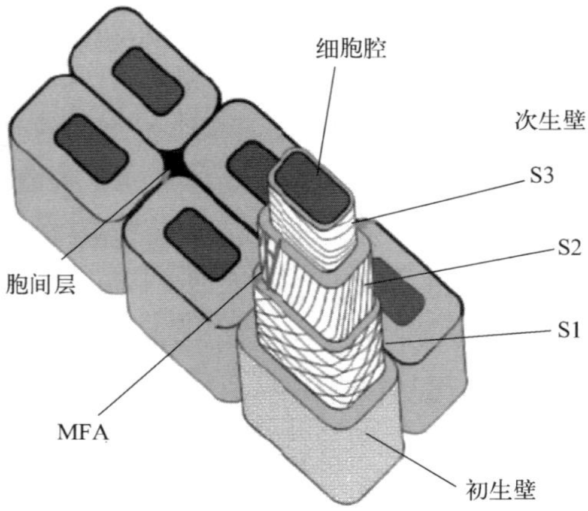

图 1-11　管胞纤维结构模型

纳米压痕技术的出现，为研究材料的微纳米尺度力学行为提供了新的途径。纳米压痕技术首先在材料科学领域得到了广泛应用，作为研究微材料、微结构力学性能的重要手段，它又被迅速应用于生物材料研究领域。1997 年，Wimmer 等首次将纳米压痕技术应用于木材科学领域，对 80 岁树龄红云杉（Picea rubens Sarg.）管胞次生壁 S2 层和胞间层角隅处做了力学性能测试，为在细胞水平研究木材的力学行为开辟了新的途径。随后，Gindl 等和 Wu 等用纳米压痕技术分别对针叶材管胞和阔叶材纤维、农作物茎秆纤维等细胞壁做了一系列测试研究工作，拓宽了纳米压痕技术的应用领域。国内对木材开展纳米压痕技术应用的工作始见报道于 2003 年，由中国林业科学研究院江泽慧院士带领的科研团队采用该方法对木材开展了大量研究。

2000 年前后，国内外开始应用纳米压痕技术对竹纤维细胞壁力学特性进行研究。余雁、王戈等采用纳米压痕测试方法对采自杭州萧山区的 6 年生竹纤维做了纳米压痕试验，获得了细胞壁弹性模量、硬度等参数（表 1-5），同时他们测出薄壁细胞纵向弹性模量和硬度分别为 5.8GPa 和 230MPa，为纤维相应参数的 33%和

表 1-5　毛竹纤维细胞壁纵向和横向弹性模量和硬度

纤维类型	纵向		横向	
	弹性模量/GPa	硬度/MPa	弹性模量/GPa	硬度/MPa
纤维细胞壁	16.01±3.15①	359.99±104.29①	5.91±1.27①	391.00±63.31①
	10.4±1.8②	440±90②	—	—
薄壁细胞壁	5.8①	230①	—	—
	3.4±1.8②	430±220②	—	—

① 数据来自文献[28,29]。

② 数据来自文献[30]。

63%[28,29]。2009 年，Zou 等也采用纳米压痕技术对杭州萧山区的 4 年生毛竹纤维和薄壁细胞做了测试[30]。比较发现，测试结果不尽相同，余雁等发现纳米压痕测试所得弹性模量要小于实际竹纤维的弹性模量，他们将其归因于竹纤维为各向异性材料[28]（对各向异性材料，纳米压痕技术测取值往往低于实际值）。

中国林科院 Wang Xiaoqing 等对 2 月龄毛竹维管束做了测试研究，试图解释维管束中竹纤维的梯度变化规律。他们利用拉曼光谱仪测得竹材中竹纤维体积含量约占 40%。他们指出在竹维管束发育过程中，纤维细胞壁的增厚与其在维管束中所处位置有关，一般从内部纤维束鞘向外部基本组织发展：靠近导管和韧皮部的纤维细胞壁率先开始增厚，鞘外围的纤维由于增厚较晚，故常见胞腔，且腔径较大。自内向外，纤维密度呈梯度减小。针对发育过程中的毛竹，Wang 等对同一维管束中不同位置处的竹纤维做了纳米压痕测试，测试发现，对维管束鞘中不同位置处的纤维，其壁层中的弹性模量有相同变化趋势，都是壁层中间高，外侧（近胞间层处）和内侧（接近胞腔处）偏低，内外侧偏低的原因是这两处微纤丝角较大、木质素含量较高，而且都靠近界面。比较维管束鞘内、中、外三处纤维的弹性模量及硬度，发现三处差异不显著。上述研究表明，在维管束中，虽然纤维密度发生梯度变化，但其弹性模量及硬度变化很小，可以认为不发生变化。

Tan 等也采用纳米压痕技术对巴西 5 岁毛竹做了测试，分析了竹材弹性模量沿横截面的变化规律，然后又将测试结果与有限元模型相结合，用于分析竹材的断裂及变形特性。

与纳米压痕技术在竹纤维力学性能测试中的应用相比，对竹纤维做拉伸测试的相关研究工作开展得更晚。目前，对竹纤维的拉伸测试工作开展得较为理想的是余雁、王戈、黄艳辉等人，2008 年，他们在 Instron 微型力学试验机的基础上自主研发了适用于植物短纤维拉伸测试的短纤维测试仪，在此基础上首次成功对竹纤维、马尾松木材纤维等植物短纤维做了拉伸测试。余雁等[18,19]采用离析法提取竹纤维，然后利用研发设备对单根竹纤维做了纵向拉伸测试，得到毛竹纤维平均拉伸强度为 1.56GPa，平均弹性模量为 33.03GPa，平均伸长率为 7.0%。拉伸强度最高值为 2.94GPa，弹性模量最高值可达 60GPa。王戈等[29]通过对比竹束纤维和竹单纤维拉伸强度和弹性模量发现，竹束纤维的拉伸强度比竹单纤维下降约 50%，弹性模量下降 20%左右，他们认为上述力学参数的差异是由相邻细胞之间界面粘接能力较弱引起的。2017 年，王戈等编制了国家标准《植物单根短纤维拉伸力学性能测试方法》[31]，为竹材纤维力学性能的测试研究奠定了基础。

黄艳辉[27]在其博士论文中将微观力学领域的多种先进测试方法运用到毛竹纤维及其细胞壁的纵向力学性质研究上，考虑了竹龄、纤维在维管束中的位置等因素对其力学性质的影响，得到了毛竹单纤维弹性模量、抗拉强度以及断裂应变等力学指标。同时她也对毛竹做了跨尺度分析，利用复合材料混合定律等相关知识将纤维细胞、纤维细胞次生壁、维管束、宏观薄片等不同尺度的纵向力学性能建立了联系，对竹材优良力学性能的本质做了分析。田根林[32]对竹纤维微观结构对力学性能的影响进行了分析，结果表明，竹纤维力学性能的主要影响因素为壁腔比、微纤丝角，壁腔比、微纤丝角与弹性模量显著负相关，两者与抗拉强度无显著相关性，微纤丝角与断裂伸长率显著正相关。安鑫[33]对竹纤维细胞壁形貌、壁层层数、壁层厚度、纤维细胞壁各壁层微纤丝角进行了测定，重点利用原子力显微镜研究了毛竹纤维细胞各壁层微纤丝取向、细胞壁内部精细结构以及微纤丝超微构造，提出 4 年生毛竹典型纤维细胞的微纤丝取向模型。竹纤维细胞壁与木材相似，分为初生壁和次生壁，但次生壁的结构又与木材有所不同，次生壁可分为多个微纤丝角不同的薄壁，竹材单纤维的力学性能主要由次生壁决定。

竹纤维是一种天然的生物复合材料，其主要化学成分为纤维素、半纤维素和木质素。组成竹材单纤维的主要化学成分在细胞壁中交织排列，目前还没有方法能够直接评价各成分对细胞壁力学性能的影响效果。通过对单纤维的化学组分进行选择性脱除，结合力学测试结果的差异分析，可得到化学组分对其纵向拉伸力学性能的影响。田根林对脱除不同化学成分后的单纤维力学性能测试结果表明，竹纤维随着木质素的脱除，弹性模量整体上变化幅度不大；而随着半纤维素的脱除，冻干和气干状态下弹性模量分别降低了 51.43%和 23.12%；抗拉强度随着基体物质的脱除呈下降趋势，冻干状态下降幅度达到 54.65%；断裂伸长率随木质素的脱除略有减小，而随着半纤维素的脱除，冻干和气干状态下断裂伸长率则分别增加了 185.39%和 153.49%。

竹单纤维的力学性能受分离方法的影响有所不同，中国林科院陈红等对不同方法制得的单纤维的形态、化学成分、接触角、力学性能进行了研究，比较了化学方法和机械方法分离得到的单纤维拉伸强度，结果表明，化学分离试样拉伸强度高于机械分离试样。对于单纤维，研究人员常用化学溶液处理法对纤维界面进行改性来提高其力学性能，Abeer 等研究了不同浓度 NaOH 溶液以及不同浸泡时间对竹纤维拉伸性能的影响，结果表明，4%NaOH 溶液处理 12h 对竹纤维的抗拉强度影响最大，这是因为较低浓度的 NaOH 溶液能够去除竹纤维中部分纤维素、半纤维素以及其他物质，从而使得竹纤维发生重新排列，进而提高其拉伸力学性能。研究表明，过高浓度的 NaOH 溶液则会去除过多的纤维素，反而降低了竹纤维的拉伸强度。另外，较高碱液浓度会破坏纤维壁层表面，使其出现裂纹、凹坑等缺陷，导致纤维弹性模量也随碱液浓度增大而降低，但纤维的断裂伸长率显著提高，使纤维由脆性向韧性转变。除此之外，研究人员发现用超声波结合纤维素酶对竹纤维进行处理，可以有效提高竹纤维的柔韧性。

此外，研究发现含水率对单纤维力学性能的影响尤为显著，王汉坤[34]就含水率变化对竹材单纤维纵向拉伸力学性能的影响进行了研究，结果表明，含水率从

5%增至 26%时，竹纤维拉伸强度和拉伸模量会线性下降，而断裂伸长率则出现小幅增加。Yu 等[18]也得出相似结果，同时发现当含水率低于 10.8%时，拉伸强度对水分的变化不敏感。除了含水率变化，竹龄以及取材部位也会造成拉伸强度测试结果的差异。研究发现，竹材单纤维在竹秆纵向和径向上力学性能差异不明显[35]，但在单个维管束中靠近中心的单纤维弹性模量和硬度要大于靠近维管束边缘的单纤维[27]。竹纤维会随竹龄的增长而逐渐成熟再逐步衰老，毛竹单纤维的拉伸强度和弹性模量会随年龄增加而略有增大，当竹龄达到四年后，单纤维性能趋于稳定。另外，竹种的不同会造成竹材单根纤维拉伸强度的差异[32]。综合上述研究表明，竹材单纤维的微观结构以及化学成分对其力学性能起到决定性作用，其他如含水率、竹种、竹龄等因素对竹材单纤维力学性能也会有显著影响。

1.1.5 竹纤维增强复合材料研究进展

随着全球经济的快速发展，对木材的需求也与日俱增。木材资源的日益减少使得人们开始寻找替代品，纸板的出现虽然在一定程度上降低了人们对木材的需求，但其原材料主要还是木材，而且其力学性质还不是十分令人满意。作为木材的替代品，竹材及其增强相——维管束逐渐引起了人们的重视。选择竹维管束作为增强纤维是因为在亚洲地区竹子资源丰富，其整体力学特性与木材相当。还有竹子生长成熟只需 6～8 个月，2～3 年即可成材，而木材成材则需要 20～40 年。

植物纤维由独特的有机化学组分组成，主要包括纤维素、木质素、半纤维素、果胶、蜡质等高分子成分。植物纤维本身就是一种以纤维素微纤丝为增强体，以木质素、半纤维素为基体的高分子复合材料。其中，纤维素是植物纤维中最重要的组分，含量可达 70%以上，它是 D-葡萄糖以 β-1,4 糖苷键组成的大分子多糖，聚合度在 10000 左右。每个重复单元含有 3 个羟基基团，这使得植物纤维具有强烈的亲水性。表 1-6 对比了不同种类植物纤维的化学成分，这些组分的差异主要取决于纤维的来源、生长条件、生长时间以及加工工艺等。

表 1-6 不同种类植物纤维的化学组成[36]

植物纤维	纤维素/%	半纤维素/%	木质素/%	果胶/%	蜡质/%
亚麻	71	18.6～20.6	2.2	2.3	1.7
汉麻	70.2～74.4	17.9～22.4	3.7～5.7	0.9	0.8
剑麻	67～78	10.0～14.2	8～11	10	2.0
蕉麻	62.5	21	12	0.8	3.0
苎麻	68.6～76.2	13.1～16.7	0.6～0.7	1.9	0.3
黄麻	61～71.5	13.6～20.4	12～13	0.4	0.5
红麻	31～39	15～19	21.5	—	—

续表

植物纤维	纤维素/%	半纤维素/%	木质素/%	果胶/%	蜡质/%
菠萝纤维	80.5	17.5	8.3	4	—
椰壳纤维	46～63	31～36	0.15～0.25	3.0～4.0	—
棉纤维	89	4.0	0.75	6.0	0.6
竹纤维	26～43	30	21～31	—	—

目前对植物纤维如亚麻、剑麻、香蕉叶等纤维复合材料开展的研究较多，对竹维管束及竹纤维复合材料研究较少。研究发现，在这些天然植物纤维中，竹子维管束拉伸强度最高。基于竹材良好的力学性能，20 世纪 90 年代初，印度的 Jain 和 Kumar 用竹纤维和环氧树脂（epoxy resin）制备了竹塑复合材料，对竹材及竹纤维复合材料的力学性能作了测试。试验结果表明，竹纤维复合材料的性能要优于其他天然纤维增强复合材料，其中，竹材抗拉强度、弹性模量及冲击强度分别为 200.5MPa、230.09MPa、63.54kJ/m^2，单层单向竹纤维复合材料的抗拉强度、弹性模量及冲击强度分别为 175.27MPa、151.83MPa、45.6kJ/m^2，单层正交编织竹塑复合材料的抗拉强度、弹性模量及冲击强度分别为 110.5MPa、93.6MPa、34.03kJ/m^2。鉴于环氧树脂价格较贵，Jain 和 Kumar 又用价格便宜的聚酯树脂（polyester resin，价格仅为环氧树脂的 1/5）作为基体制备了竹塑复合材料，试验结果表明，这两种竹塑复合材料力学性能相当。同一时期，国内冼兴娟等对竹材及竹塑复合材料的力学性质也做了研究，但对竹维管束没有开展细观力学研究。李世红等曾对竹纤维独特的多层结构做了仿生研究，制备了仿生复合材料，发现其性能较传统复合材料有很大提高。相关试验表明，仿照竹材截面维管束散布方式制备的碳纤维增强树脂试样，比不仿生复合材料的抗弯能力要高 81%；按竹纤维细胞壁多层、渐变概念仿生设计的碳纤维/Al 复合材料，其高温强度也比未仿生的高出 5 倍以上。

作为玻璃纤维复合材料的替代品，天然纤维复合材料在一些领域已经得到使用。但由于天然纤维自身的特点使得天然纤维复合材料有一些缺点，如易受潮、界面粘接能力弱以及不能用于高温环境等。为了抑制纤维吸湿性能并提高纤维与基体的粘接能力，人们开始对植物纤维界面加以处理。

同济大学的李岩教授团队[36,37]从植物纤维的微观结构、化学组成以及力学性能入手，针对植物纤维增强复合材料的界面性能，综述了国内外采用植物纤维表面处理方法来提升复合材料力学性能的研究进展，分析了所遇到的瓶颈，并进一步从复合材料结构设计的角度出发，充分利用植物纤维独特的多层次、多尺度的微观结构特点，通过揭示植物纤维增强复合材料多层次、多尺度的界面力学损伤破坏机制，实现了植物纤维增强复合材料的界面调控和力学高性能化。

一般认为碱处理法可以提高复合材料的力学性能，采用碱处理法对剑麻、大麻、黄麻、亚麻等天然纤维的表面进行处理以改进纤维界面黏结性能的研究有很多。香港科技大学的 Chen Xiaoya 等制备了竹维管束增强聚丙烯（PP）复合塑料，并对其力学性质做了研究。研究发现，在复合材料中添加马来酸酐改性聚丙烯（MAPP）可以极大地提高竹维管束与聚丙烯的界面粘接力，竹维管束表现为亲水性特征（hydrophilic character），而聚丙烯为厌水性聚烯烃，马来酸酐改性聚丙烯则可以很好地与维管束结合在一起，从而改善维管束与聚丙烯之间的粘接性。新加坡南洋理工大学的 Thwe 和 Liao 对制备的竹维管束聚丙烯复合材料（bamboo fiber reinforced polypropylene，BFRP）和杂交竹维管束-玻璃纤维聚丙烯复合材料（bamboo-glass fiber reinforced polypropylene hybrid composite，BGRP）做了拉伸和弯曲试验，分析了维管束含量、长度、竹维管束-玻璃纤维配比以及马来酸酐改性聚丙烯胶黏剂等因素对力学性能的影响，发现杂交竹维管束-玻璃纤维聚丙烯复合材料 BGRP 力学性能更好，抗老化能力更强。印度塑料工程与技术中央研究所的 Nayak 等进一步对使用了马来酸酐改性聚丙烯胶黏剂的杂交竹维管束-玻璃纤维聚丙烯复合材料的热特性、动力特性及流变特性等做了分析。

目前关于植物纤维增强复合材料力学高性能化和多功能化的研究工作，虽然取得了一定的成果，但植物纤维增强复合材料多层次、多尺度力学的理论研究还相对薄弱，当前复合材料力学的理论尚未考虑细观、微观和纳观的多层界面对复合材料力学性能的影响。在复合材料力学分析中如何考虑植物纤维由天然生长所带来的性能及微观结构参数的分散性也是未来亟待开展的工作。

1.1.6 竹材跨尺度力学性能研究现状

竹材、木材以及农作物茎秆都是天然的多尺度结构。其中，细胞是作物结构的基本单位，组织是由一种或多种细胞集合而成的结构单位，器官是由多种组织构成的具有一定功能的植物体结构。开展植物多尺度力学研究，是以植物为研究对象，分别以细胞壁、细胞、组织和器官为基本元件，依次建立细胞、组织、器官和植株的几何模型与力学模型，并解析其力学性能的相互关联。例如，将作物的茎划分为整秆尺度（茎秆）、宏观尺度（组织）、微观尺度（细胞）、超微尺度（细胞壁）和生物化学尺度（细胞壁化合物组分）等多个层次，从宏观到微观解析其力学性能。详细研究植物多尺度结构为多尺度方法应用于植物力学研究提供了基础，可为竹木材植物资源的有效利用及仿生材料设计等提供结构方案。多尺度方法正成为作物力学研究的前沿和热点。但是，目前多尺度植物力学领域的研究还较少，尚未形成系统的理论与方法。

众多研究人员对竹材和竹材薄片做了力学测试，试图揭示竹材力学特性变化规律。一般是从竹材不同厚度部位处取样 2～3 个，制成较大且较厚的拉伸试件，通过拉伸实验测定其力学性质。上述取样无法全面反映竹材力学性能沿径向的变化规律，因此人们取样时进一步把竹壁分层，得到竹材篾片，通过测试各竹材篾片的力学性质，研究竹材力学性质的变化规律。

杨云芳、刘志坤将毛竹看作纤维增强复合材料，通过实验测得竹材宏观力学参数，根据竹材横截面中维管束（纤维）与薄壁细胞（基体）的体积含量变化规律，从理论上预测维管束及薄壁细胞的抗拉弹性模量分别为 27.60GPa 和 6.06GPa，抗拉强度分别为 547.68MPa 和 74.60MPa。

Nogata 和 Takahashi 通过对竹材薄片小试样做测试，认为竹材纵向拉伸强度和弹性模量沿壁厚方向呈指数分布，Amada 及其合作者得出竹材纵向拉伸强度和弹性模量沿壁厚方向呈抛物线分布。虞华强等将毛竹沿高度分段并沿径向分层，通过拉伸实验测得竹材不同位置的顺纹抗拉弹性模量为 8.49～32.49GPa，其中，最外层竹材的顺纹抗拉弹性模量约为最内层的 3～4 倍；不同位置的顺纹抗拉强度为 115.94～328.15MPa，且最外层竹材的顺纹抗拉强度约为最内层的 2～3 倍。另外，他们还发现毛竹顺纹抗拉强度及弹性模量与气干密度之间的关系呈线性分布，其中顺纹抗拉强度为 $y=334.941x-93.847$，弹性模量为 $y=41.95x-18.431$。邵卓平等测得竹材力学特性与维管束体积含量呈线性相关。

前人所做工作基本上都是把竹材看作纤维增强复合材料，基于复合材料混合定律，根据纤维和基体的体积含量，结合竹材的宏观力学参数来预测竹材纤维增强相（维管束）及基体（薄壁细胞）的弹性常数。而对竹材增强相即维管束以及基体，通过实验直接分析其力学特性，这方面的工作开展得很少，Ray 等针对竹子品种 Valki 研究了竹维管束的形状以及拉伸强度分布规律，但对维管束力学性质没做更为深入的研究。笔者用碱处理法处理得到毛竹维管束，对毛竹维管束及竹纤维进行了试验和理论研究[24,25,38,39]。目前，国内学者正主要致力于竹纤维的力学性质研究，但如何将竹材微观特性与宏观性质联系起来做跨尺度研究，这方面人们做的工作还较少。

1.2 本书主要内容

随着社会对环境问题、可持续发展以及再生资源关注程度的提高，绿色环保型复合材料的研制及应用已经迅速引起了人们的关注和重视，目前对天然纤维复合材料的研究正在步入一个新的时期，各种新型绿色复合材料不断涌现。对天然纤维及其复合材料开展力学基础研究意义重大。

竹材在我国资源丰富，其力学性能也颇为优异，前人工作已经为揭示竹材在不同尺度下的力学性能的变化规律做了不同程度的探索，也为开展竹材力学性能的跨尺度研究提供了可能，但目前相关研究还存在许多不足之处，主要体现在对竹材细观尺度和微观尺度力学性能研究较少，相关方面的工作亟待展开。

在竹材细观尺度下，对维管束做力学性能研究的工作开展得较少，无法准确反映维管束力学性能沿壁厚的变化规律。在前人所做研究中，对维管束力学性能的分析结果均是通过对竹材试样作力学测试再结合复合材料混合定律间接计算出来的。但复合材料混合定律是否真正适用于竹材力学性能的计算，这个问题尚需要通过试验加以验证，由于对维管束做力学测试的研究较少，所以对该问题的验证一直没有解决。

对竹纤维做力学测试的工作相对而言也较少，而对竹纤维与竹维管束二者的力学性能建立合理联系的工作也在探索过程中。

鉴于目前的研究情况，笔者对毛竹维管束的力学性质做了跨尺度研究，针对目前竹材力学性能研究中存在的问题做了积极探索。本书主要研究内容包括以下几个方面。

（1）竹材宏观结构及竹材薄片力学测试

采用劈篾法对竹材分层，分别对基部、中部以及上部节间位置处的竹材做测试，分析毛竹强度、弹性模量等力学性能沿轴向和径向的变化规律。

（2）从竹材中提取维管束和基体，分别对维管束和基体的力学性能做测试分析

在光学显微镜下观察竹材横截面，通过对维管束面积的测量分析维管束沿竹材壁厚方向的体积含量分布规律。采用碱处理法从竹材中提取出完整的竹维管束，通过拉伸试验，分析竹维管束强度及弹性模量沿竹材壁厚方向的变化规律。结合试验现象，讨论维管束破坏现象。针对维管束中普遍存在的导管和筛管等空腔，研究导管孔洞及综合多孔相对竹维管束力学性能的影响。对基体试样做拉伸测试，得到基体的强度和弹性模量。

（3）分析竹材结构宏观尺度和细观尺度力学性能间的关系

结合相同节间位置处竹材与竹维管束及基体的测试结果，指出传统混合定律模型不适合于竹材力学性能的分析。根据试验现象以及对试验数据的分析，并结合前人工作，使用修正混合定律模型 MROM 对竹材结构做力学分析，在此基础上，建立竹材结构宏观尺度和细观尺度力学性能间的关系，并对竹材功能梯度力学特性作表征。

（4）分析竹材结构细观尺度和微观尺度力学性能间的关系

针对维管束中纤维的排布方式，结合纤维的几何特征，建立竹纤维力学模型。对几种常见的适用于生物纤维复合材料力学性能分析的细观力学模型做介绍，比

较模型之间的区别，对竹纤维提出改进的剪滞模型 MSL。根据竹纤维力学测试结果，利用改进的剪滞模型 MSL 对维管束的弹性模量作预测，并与实际测试值做比较，由此建立竹纤维与竹维管束间的关系。

对竹材开展跨尺度力学特性研究，分析其宏观和微观力学行为，对提高竹材和竹纤维的使用有着积极、重要的意义。同时，通过分析竹材结构的变异规律，也可以为研制新型仿生功能梯度材料提供参考依据。

第2章 竹材宏观结构力学性能测试

竹材宏观结构主要指的是竹子的竹秆部分，是竹子在地上的茎干的主要部分。竹材宏观结构主要包括竹秆、竹节、竹壁等部分。竹秆通常为直立的圆柱体或圆锥体，也有部分竹种为椭圆体，其外形挺拔修长。竹秆内部具有中空的腔室，称为髓腔，使得竹材重量轻，具有良好的轻质高强特性。竹秆的长度、竹筒厚度、竹节数量及胸径根据竹种的不同而不同。同竹种的竹秆高度和直径差异较大，如毛竹可高达十几米甚至几十米，直径可达10cm以上。连接上下竹材节间的部位叫竹节，它由秆环、箨环和竹横隔壁组成。秆环是竹节上的一个隆起部分，箨环则是竹箨脱落后留下的痕迹，竹横隔壁位于竹节内部，将竹秆的髓腔分隔开来。

竹子又是天然纤维增强复合材料，其增强纤维是维管束，基体是薄壁细胞。观察竹壁横截面可以发现许多呈深色的菱形斑点，即为维管束，其在纵切面上呈顺纹股状组织。维管束是竹材的主要承力元件，由木质部导管及韧皮部导管输导组织和竹纤维组成，负责输送水分、养分和提供强度与刚度。竹壁宏观上由竹青、竹肉与竹黄三部分组成。沿竹壁径向靠近外皮层即竹青位置处，竹维管束分布致密，直径细小，而在靠近竹壁内侧髓环即竹黄位置处维管束分布变得非常松散，整体而言，竹维管束分布外密内疏，沿竹壁径向自内到外密度逐渐增加。

在宏观尺度，可以将竹子看作是一端固定一端自由的中空厚壁圆筒柱，它主要承受自重及外部载荷等作用。在外部载荷如风载的作用下，竹子将发生弯曲变形。国内外关于竹材结构的研究，主要集中在竹材的微观解剖特征、竹材的物理力学性质以及竹材的化学性质等方面。竹材宏观力学性能指标主要包括顺纹抗拉、抗压、抗弯和剪切强度，顺拉弹性模量、顺压弹性模量及抗弯弹性模量等。

竹材具有强度高、弹性好、性能稳定、密度小的特点。竹材力学性能非常优越，竹材本身的抗拉强度及抗弯强度可达 150MPa 左右，抗压强度可达 60～

70MPa，弯曲弹性模量达 10GPa 以上。与木材和金属相比，其比强度是木材的 2.5 倍，钢材的 3 倍。深入了解竹材的力学性能，对竹材深加工、提高竹质资源的利用率和推广现代竹结构具有十分重要的意义。

本章首先介绍研究人员对宏观竹材纵向节间开展的力学测试，然后对竹材节间开展横向压缩力学测试，从中得到宏观竹材力学性能在竹壁不同位置处的测试数据，以便为后面章节建立竹材宏微观结构力学性能的联系奠定基础。

2.1 竹材节间纵向力学性能测试

国际现行标准为 BS ISO 22157：2019《竹结构 竹秆物理机械性能的测定 测试方法》（BS ISO 22157:2019 *Bamboo structures—Determination of physical and mechanical properties of bamboo culms—Test methods*），国内现行标准为 LY/T 2564—2015《圆竹物理力学性能试验方法》。

试验用毛竹（*Phyllostachys pubescens*）采自浙江省安吉县天荒坪镇，该地区位于我国亚热带北部，属浙西北低山丘陵，天目山系，海拔 50～536.9m。

竹材胸径一般为 70～90mm，竹材胸围越大，竹材也就越重。表 2-1 和图 2-1 示出了浙江省安吉等地毛竹胸围与竹秆重的关系，可以看出竹材胸径与竹秆重呈线性关系。

表 2-1 浙江地区毛竹胸围与竹秆重对照关系

胸围/寸	胸径/mm	竹秆重/kg
7	74.3	12
8	84.9	16.5
9	95.5	21
10	106.1	26
11	116.7	31.5
12	127.3	37
13	137.9	43
14	148.5	50

选竹秆通直、生长良好的 4 年生毛竹，将距离地面 2m、5m、8m 处部位分别作为基部（base）、中部（middle）、上部（top），如图 2-2 所示。置于室内自然气干 6 个月。

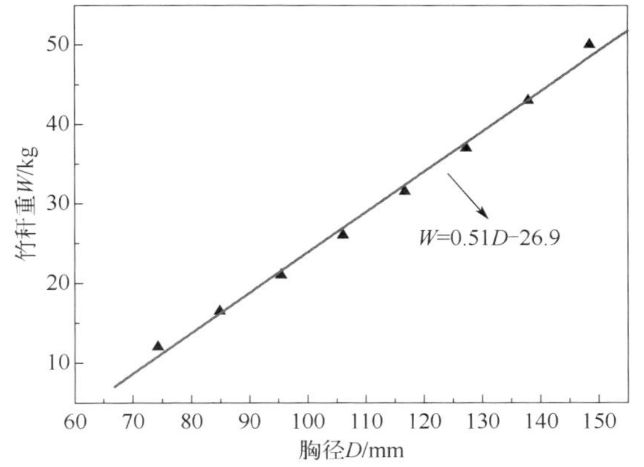

图 2-1　毛竹胸径与竹秆重关系对照图

图 2-2　毛竹试样

2.1.1　竹材节间拉伸力学性能测试

笔者未对竹材纵向力学性能开展测试，这里仅介绍其他研究人员对毛竹材的纵向拉伸力学测试工作。

根据 JG/T 199—2007《建筑用竹材物理力学性能试验方法》标准，王军芳等以福建省三明市的 4 年竹龄的毛竹为研究对象，分别对 12 根无竹节试件和 12 根含竹节试件测试了毛竹材顺纹抗拉强度，获得了它们在不同含水率时的顺纹抗拉强度值（表 2-2、表 2-3）。测试发现：含水率为 12%左右时，竹材顺纹抗拉强度值最为理想；试验获得的有竹节和无竹节的毛竹材的顺纹抗拉强度值分别为 185.54MPa 和 156.63MPa，竹节的存在减弱了竹材的顺纹抗拉强度值，同等条件下，含竹节试样的顺纹抗拉强度相对于无竹节试样的顺纹抗拉强度下降了近 16%。

表 2-2　无竹节毛竹材的顺纹抗拉强度试验结果

试件编号	受荷面积/mm²	破坏载荷/N	拉伸试验时试样含水率/%	含水率修正系数	顺纹抗拉强度/MPa	
					拉伸试验时	含水率为 12%
X-1	37.69	3523	9.43	1.859	93.47	173.74
X-2	37.91	3389	8.72	1.861	89.40	166.35
X-3	37.39	3302	8.86	1.860	88.31	164.29
X-4	34.61	3441	10.08	1.857	99.42	184.61
X-5	38.52	4094	11.48	1.853	106.28	196.92
X-6	37.13	3586	9.66	1.858	96.58	179.45
X-7	39.29	3971	15.37	1.842	101.07	186.13
X-8	40.05	4294	11.90	1.852	107.22	198.52
X-9	35.91	3889	12.90	1.849	108.30	200.21
X-10	39.72	4374	12.27	1.850	110.12	203.78
X-11	36.68	3609	16.96	1.837	98.39	180.76
X-12	40.19	4177	14.29	1.845	103.93	191.73
平均值	37.92	3804	11.83	1.852	100.21	185.54

表 2-3　含竹节毛竹材的顺纹抗拉强度试验结果

试件编号	受荷面积/mm²	破坏载荷/N	拉伸试验时试样含水率/%	含水率修正系数	顺纹抗拉强度/MPa	
					拉伸试验时	含水率为 12%
Y-1	38.07	2953	9.12	1.860	77.57	144.25
Y-2	36.35	2689	7.99	1.863	73.98	137.81
Y-3	37.22	3062	9.55	1.858	82.27	152.88
Y-4	36.35	3521	11.79	1.852	96.86	179.38
Y-5	38.88	2896	8.72	1.861	74.49	138.60
Y-6	39.56	3399	9.98	1.857	85.92	159.56
Y-7	37.99	3388	15.25	1.842	89.18	164.27
Y-8	38.68	2908	8.42	1.862	75.18	139.96
Y-9	36.53	3312	10.51	1.856	90.67	168.24

续表

试件编号	受荷面积/mm^2	破坏载荷/N	拉伸试验时试样含水率/%	含水率修正系数	顺纹抗拉强度/MPa	
					拉伸试验时	含水率为 12%
Y-10	39.12	3867	12.35	1.850	98.85	182.90
Y-11	38.21	3584	14.03	1.845	93.80	173.10
Y-12	37.64	2799	7.61	1.864	74.36	138.61
平均值	37.88	3198	10.44	1.856	84.43	156.63

郝际平等[11]以竹龄 4 年的井冈山毛竹圆竹和竹片为研究对象，依据 JG/T 199—2007 和 ISO/TR 22157-2：2004 测试标准，分别对宏观圆竹及竹材顺纹方向的力学性能进行了测试研究，获得了毛竹竹片顺纹方向的弹性模量、抗压强度、抗拉强度以及毛竹圆竹顺纹方向的抗压强度和抗剪强度等力学指标。其中，毛竹竹片抗压弹性模量为 12.73GPa，抗拉弹性模量为 12.94GPa，无竹节顺纹抗拉强度为 162.1MPa，含竹节顺纹抗拉强度为 149.4MPa。

王军芳等将竹材顺纹抗拉强度测试结果与其他研究人员的测试结果进行了比较（表 2-4）。比较发现，虽然含竹节及无竹节的测试结果有所不同，但竹节对顺纹抗拉强度的影响趋势较为一致，即含竹节试样相对于无竹节试样的顺纹抗拉强度均有所降低。

表 2-4　不同文献中含水率为 12%的竹材顺纹抗拉强度试验结果对比[10]

试件顺纹抗拉强度值/MPa			试样制作参考标准	竹龄/年	试件采集地	文献出处
有竹节	无竹节	无节：有节				
102.7	154.24	1：0.67	GB/T 15780—1995	4	安徽霍山	邵卓平等[40]
212.4	263.4	1：0.81	GB/T 15780—1995	5	浙江临安	曾其蕴等[41]
168.13	202.21	1：0.83	JG/T 199—2007	4	湖南新邵	李旭[42]
149.4	162.2	1：0.92	JG/T 199—2007	4	江西井冈山	郝际平等[11]
116.86	163.18	1：0.72	JG/T 199—2007	4～5	浙江新昌	单波等[43]
156.63	185.54	1：0.84	JG/T 199—2007	4	福建三明	王军芳等[10]

马媛媛和朱松松[12]以产自浙江省安吉县的毛竹为研究对象，依据 JG/T 199—2007《建筑用竹材物理力学性能试验方法》标准，分别对 6 根带竹节试件和 6 根无竹节试件测试了毛竹材顺纹抗拉强度。测得安吉毛竹的弹性模量为 8.76GPa，抗拉强度为 174.00MPa，泊松比为 0.325。详细测试结果如表 2-5 所示。

表 2-5 安吉毛竹顺纹拉伸弹性模量[12]

编号	弹性模量/GPa		抗拉强度/MPa
	不含竹节	含竹节	不含竹节
1	9.22	7.30	178.06
2	8.64	13.20	177.14
3	7.92	7.93	166.28
4	9.69	13.20	174.70
5	8.13	11.49	177.74
6	8.93	9.57	170.11
平均值	8.76	10.45	174.00

曹振华等根据 LY/T 2564—2015《圆竹物理力学性能试验方法》，对产自湖南省桃江县竹龄为 4～6 年的毛竹进行了力学测试，测定了毛竹圆竹的顺纹抗剪强度、顺纹抗压强度、顺纹抗拉强度、环刚度以及抗弯强度等力学指标，其中，毛竹圆竹顺纹抗剪强度为 27.36MPa，顺纹抗拉强度为 141.46MPa，环刚度为 104.74N/mm^2，抗弯强度为 133.31MPa。

通过上述研究人员的测试结果可以看出，相关测试结果存在一定差异。这种差异与试件采集时间、采集地、竹龄、试件选取部位、竹样制作、加载速度以及试样含水率等因素有关。

2.1.2 竹材节间压缩力学性能测试

根据 LY/T 2564—2015《圆竹物理力学性能试验方法》，曹振华等对湖南省桃江县竹龄为 4～6 年的毛竹进行了竹材节间压缩力学测试，测得含水率为 9.09%的毛竹圆竹的破坏载荷平均值与顺纹抗压强度平均值分别为 110.37kN 和 64.60MPa。转换含水率为 12%后的毛竹圆竹的顺纹抗压强度为 56.67MPa。

郝际平等以 4 年竹龄的井冈山毛竹圆竹和竹片为研究对象，依据 JG/T 199—2007 和 ISO/TR 22157-2：2004 测试标准，分别对宏观圆竹及竹材顺纹方向的力学性能进行了测试研究，获得了毛竹竹片及圆竹顺纹方向的抗压强度和抗剪强度等力学指标。其中，毛竹竹片抗压强度为 58.4MPa，无竹节圆竹顺纹抗压强度为 57.0MPa，抗剪强度为 23.00MPa，含竹节圆竹顺纹抗压强度为 60.6MPa，抗剪强度为 17.33MPa。

比较竹材顺纹拉伸和压缩测试结果可以发现，竹材的抗拉能力比抗压能力强。竹材受拉时主要是发生强度破坏，而受压时则更多的是因变形过大导致的失效。如在对竹片短试样压缩测试时发现，竹片顺纹抗压破坏主要形态是受压截面整体向竹黄侧倾斜，靠近竹黄一侧被压缩程度较近竹青一侧大。这是由竹材横截面维管束分布不均匀所引起的：竹青部位维管束分布致密，抗压能力强，而在竹黄处维管束分布稀疏，承载能力弱，因此更容易被压溃。而对毛竹圆竹，由于圆竹整体结构的对称性，压缩破坏的主要形态有两种（图 2-3）：一种为竹材节间沿纵向发生劈裂破坏［图 2-3（a）］，一种为竹材节间发生局部屈曲［图 2-3（b）］。

(a) 劈裂破坏　　(b) 局部屈曲

图 2-3　毛竹圆竹顺纹抗压破坏图像[13]

2.2 竹材节间横向力学性能测试

2.2.1 竹材节间横向压缩劈裂行为测试

试验所用的毛竹整竹（图 2-4）直径范围在 4.5～9.5cm 之间，胸高处直径在 7.5cm 左右，节数为 31 节，竹材总长度为 7.62m。置于室内直至自然气干。

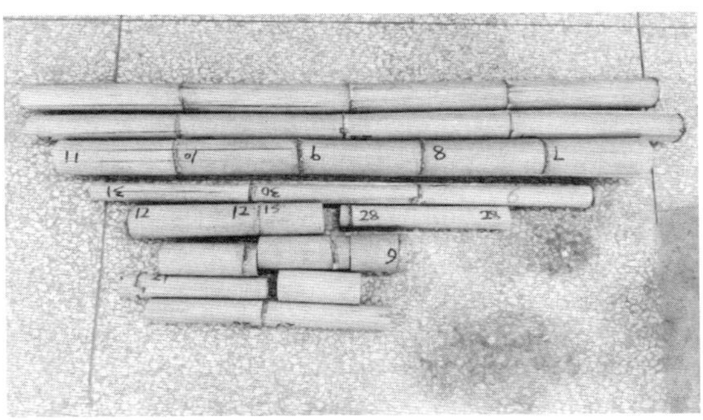

图 2-4　试验所用竹材

试验所需的竹材经过 6 个月自然气干后，将竹材的各节在操作台上用手工锯进行分离，并将靠近地面的竹筒标记为 1，依照顺序进行编号，共 31 节。对各竹筒与竹节的物理参数进行测定，选取尚未破裂的竹筒，分别在底端、中端、上端截取不相邻的两节竹筒作试样。

将试样放置于 WAW-300 万能材料试验机操作台上，调整操作台夹具的距离，使夹具刚好稳定试样［图 2-5（a)］，将试样的基本数据输入到计算机中，微调试验机，并进行载荷与位移调零，设定试验机的夹具以 2mm/min 的速度进行压缩，直至试样破裂［图 2-5（b)］。实验过程中计算机通过传感器收集压缩的数据，并绘制出竹筒受压时的载荷位移曲线。

观察竹材试样的横向压缩测试过程，发现在压缩过程中，竹筒首先在上下侧即靠近上下压头处发生劈裂。随着测试继续，竹筒又在侧面两边处发生劈裂，侧面破裂瞬间，试样迅速破成 3～4 部分弹射出来［图 2-5（b)］。两次破裂的过程可以在载荷位移曲线上清晰地显示出来，如图 2-6 所示。

(a) 压缩试样　　(b) 试样压缩破坏后

图 2-5　竹材节间横向压缩测试

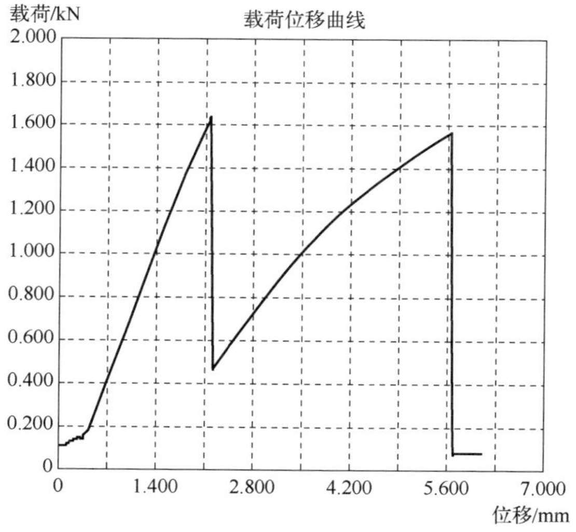

图 2-6　竹材节间横向压缩载荷位移曲线

竹材节间横向压缩测试结果见表 2-6。

表 2-6　竹材节间横向压缩测试结果

竹段序号	压缩最大载荷/kN	最大位移/mm	3%位移对应载荷/kN	3%位移/mm
6	2.04	2.401	0.14	0.081
13	1.41	1.703	0.32	0.507
15	1.64	2.169	0.11	0.078
25	1.05	1.928	0.12	0.056
26	1.22	1.818	0.12	0.053
27	1.30	4.366	0.09	0.125

同时对竹节进行了横向压缩测试。竹节的破裂过程与竹筒的破裂过程较为相似，不同的是竹节在压缩过程中竹节内的横隔发生了多次破裂（图 2-7）：先是竹节从与夹具接触的位置破裂，破裂瞬间，横隔同时发生纵向破裂，随着载荷增加，竹节第二次发生破裂，破裂位置与竹筒第二次破裂位置相同，且瞬间横隔也发生第二次破裂，接着试件破裂为多个部分弹射出来。经过多次测试发现，竹节破裂后分成 3～4 个部分，横隔破裂为 4～5 个残片。

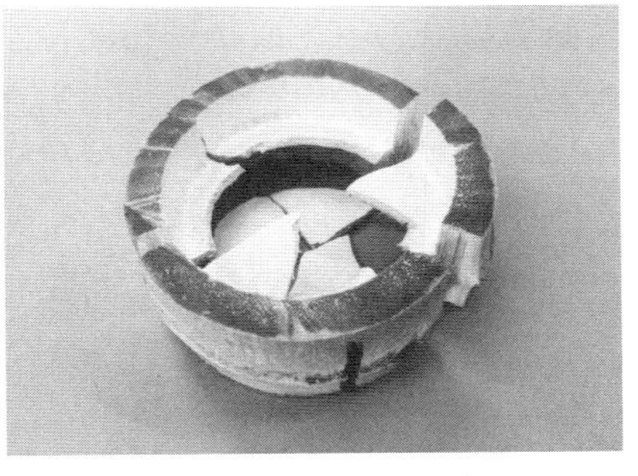

图 2-7　竹节破坏现象

竹节横向压缩测试结果见表 2-7。比较竹材节间与竹节的横向压缩测试数据可以发现，竹材由于底部较粗，壁厚较大，相应的抵抗破坏力值较大，沿竹节位置向上，内外径及壁厚变小，相应的抵抗破坏力值变小。在竹节部位，由于存在横隔的增强效应，大大提高了圆竹的径向承载能力。

表 2-7　竹节压缩实验数据

竹段序号	压缩最大载荷/kN	最大位移/mm	3%位移对应载荷/kN	3%位移/mm
1	4.75	5.781	0.06	0.178
16	3.63	4.103	0.13	0.128
31	3.23	2.942	0.12	0.081

2.2.2 正交各向异性中空竹材结构的失效机理

本节针对中空竹材节间的破坏现象进行失效机理分析。

相较同样重量的实心柱体，等长度的细长中空管件具有重量轻、抗弯及抗扭能力强的优势。这种中空结构在自然界经常见到，如竹子、农作物茎秆，以及鸟类的中空骨骼、羽毛的羽轴部位等，在工业、建筑等领域也很常见，如一些钢管、桥梁钢架、自行车与汽车管件，以及运动器材如羽毛球球拍、撑竿跳的撑竿、钓鱼竿等。

中空植物茎秆由于管壁内的增强相维管束沿纵向分布，其纵向力学性能要优于横向力学性能，从复合材料角度看，中空植物茎秆属于典型的正交各向异性材料。Schulgasser 和 Witztum 针对植物茎秆的弯曲失效问题，考虑了各向异性中空圆管弯曲失效时的非线性效应。Wegst 和 Ashby[44]结合植物茎秆的结构特点，对初始圆截面正交各向异性空心管的刚度和强度问题做了分析，并给出了正交各向异性茎秆截面形状的优化图谱。Mouka 等[45]分析了三种竹材茎秆（分别是毛竹、瓜多竹、撑篙竹）发生弯曲变形时的四种力学失效机制，并对竹秆线弹性弯曲变形后的临界失效载荷和刚度损失问题进行了预测，其中，载荷失效与纤维方向上的拉力（可能伴随拉剪切交互作用）和纵向压缩有关，取决于材料的力学性能和竹秆径厚比；刚度损失会导致竹材沿纵向劈裂，这主要取决于裂纹长度、裂纹数量以及沿竹秆环向的裂缝位置。综合前人研究可以看出，对于竹材类正交各向异性中空圆管，为了使其结构具有最优特性，需要结合圆管力学失效问题考虑圆管形状尺寸（径厚比）及各向异性特性（弹性模量及强度沿轴向与径向之比）对结构的影响。

竹材类中空圆管受力后会发生整体弯曲变形，与此同时其横截面也发生着局部变形：竹材节间横截面逐渐椭圆化，使得空心竹筒的抗弯强度逐渐减弱。变形过程中，竹材可能发生 3 种失效模式：

① Brazier 屈曲失效，即当载荷足够大时，圆管横截面由圆形变为椭圆形，导致其抗弯强度逐渐减小，达到极值时，刚度突然失去的现象；

② 竹材受拉侧发生拉伸屈服或断裂，或受压侧发生压缩破坏，即弯曲变形过程中竹材两侧分别产生弯曲拉、压应力，当拉、压应力足够大时，在受拉侧发生拉伸屈服或断裂现象，或在受压侧发生压溃现象；

③ 纵向劈裂，圆管弯曲变形过大时，纵向应力的分力会在横截面上产生横向压力作用，使得管壁产生环向应力，当环向应力超出强度极限时（往往最小），圆管发生纵向劈裂现象（图 2-8）。

下面结合 Wegst 和 Ashby[44]的工作对正交各向异性中空薄壁圆管弯曲变形机制进行分析。分析主要围绕弯曲过程中抗弯强度的变化规律及失效弯矩（或挫折弯矩）展开。

图 2-8　竹材劈裂现象

（1）正交各向异性中空薄壁圆管的抗弯强度、截面椭圆化以及 Brazier 屈曲弯矩

设弹性各向同性梁的曲率为 κ，弯矩为 M，二者满足以下关系：

$$M = EI\kappa \tag{2-1}$$

式中　E——弹性模量，MPa；

I——惯性矩，m^4。

设薄壁圆管的半径为 r，壁厚为 t，横截面面积 $A=2\pi rt$。

当弯曲变形较小时，圆管横截面保持为圆形，此时有：

$$I = \pi r^3 t \tag{2-2}$$

相应地，有：

$$M = \pi r^3 tE\kappa \tag{2-3}$$

单位长度圆管的应变能为：

$$U = \frac{1}{2}\pi r^3 tE\kappa^2 \tag{2-4}$$

但如果弯曲过大，其纵向曲率引起的拉、压应力将导致横截面变为椭圆形，如图 2-9 所示，这时将产生以下结果：弯矩作用下，截面先是由圆形变成椭圆形，这时惯性矩 I 变小，曲率随之增大，随着变形程度的加大，椭圆化进一步增大，同时抗弯强度减小。这时弯矩与曲率之间不再是线性关系，而成了非线性关系。随着圆管曲率的增大，当弯矩达到某一临界值时，结构发生突然性失效。该局部失效模式由 Brazier 于 1927 年首先提出，故该弯矩被称为 Brazier 屈曲弯矩。Brazier 屈曲常用于中空植物茎秆的弯曲失效分析。

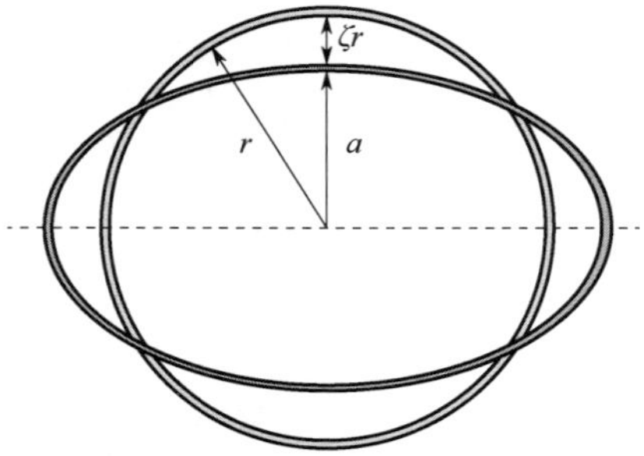

图 2-9　圆管横截面椭圆化

为了推导 Brazier 屈曲弯矩，Calladine 利用能量法对截面椭圆化问题进行了详细分析。首先定义椭圆化形状改变参数为 ζ，即：

$$\zeta=\frac{r-a}{r} \tag{2-5}$$

式中　r——圆管变形前的半径；

a——椭圆化后的短轴半径。

对单位长度各向同性中空圆管，弯曲曲率为 κ，此时应变能 U 由式（2-4）变为：

$$U=\frac{1}{2}\pi r^3 tE\kappa^2\left(1-\frac{3}{2}\zeta+\left[\frac{5}{8}\zeta^2\right]\right)+\frac{3}{8}\times\frac{\pi t^3}{r}\zeta^2 E \tag{2-6}$$

式（2-6）右边第一项表示纵向拉伸所引起的应变能，第二项则表示椭圆变形引起的应变能。

对各向异性中空圆管，其纵向和横向弹性模量不同，这里用 E_P 表示纵向弹性模量，用 $E_\perp$ 表示横向弹性模量，则式（2-6）可表示为：

$$U=\frac{1}{2}\pi r^3 tE_P\kappa^2\left(1-\frac{3}{2}\zeta+\left[\frac{5}{8}\zeta^2\right]\right)+\frac{3}{8}\times\frac{\pi t^3}{r}\zeta^2 E_\perp \tag{2-7}$$

略去式中高阶小量 ζ^2 项，计算给定曲率 κ 使总应变能 U 为最小化时的椭圆化形状改变参数 ζ，即 $\partial U/\partial\zeta=0$，可得：

$$\zeta=\frac{r^4}{t^2}\left(\frac{E_P}{E_\perp}\right)\kappa^2=\frac{4}{3}c^2 \tag{2-8}$$

式中，曲率无量纲化后用 c 表示，即：

$$c^2=\frac{3}{4}\times\frac{r^4}{t^2}\left(\frac{E_P}{E_\perp}\right)\kappa^2 \tag{2-9}$$

将式（2-7）中的ζ和κ^2用式（2-8）、式（2-9）进行替代，这时应变能U表示为c的函数，即：

$$U=\frac{2\pi}{3}\times\frac{t^3}{r}E_{\perp}(c^2-c^4) \tag{2-10}$$

由$M=\frac{c}{\kappa}\times\frac{\mathrm{d}U}{\mathrm{d}c}$得：

$$M=\frac{2\pi}{\sqrt{3}}rt^2(E_{\mathrm{P}}E_{\perp})^{1/2}(c-2c^3) \tag{2-11}$$

上式为正交各向异性圆管的弯矩表达式，该式考虑了截面椭圆化效应。当$E_{\mathrm{P}}=E_{\perp}$，且$c=1$时，式（2-11）退化为各向同性圆管弯矩表达式，即式（2-3）。

对式（2-11），由：

$$\frac{\mathrm{d}M}{\mathrm{d}\kappa}=\frac{\mathrm{d}M}{\mathrm{d}c}\times\frac{c}{\kappa}=0 \tag{2-12}$$

可得，当$c=1/\sqrt{6}$时，弯矩最大值即 Brazier 弯矩为：

$$M_{\mathrm{B}}=\frac{2\sqrt{2}}{9}\pi rt^2(E_{\mathrm{P}}E_{\perp})^{1/2} \tag{2-13}$$

竹子中空，由竹节分隔成多个节间，这些竹节横隔抑制了竹筒变形过程中的进一步椭圆化，对竹材起到环形加固的作用。

设某段竹节的长度为L，厚度为t，半径为r，Calladine 给出了抑制各向同性中空圆管椭圆化的无量纲系数：

$$\varOmega=\left(\frac{tL^2}{r^3}\right)^{1/2} \tag{2-14}$$

研究发现，当$\varOmega<0.5$时，椭圆化现象可以被抑制；当$0.5<\varOmega<2$时，局部屈曲点处的椭圆化程度将随着系数$\varOmega$的增加而增加，同时临界弯矩值减小；直到$\varOmega\approx 2$时，临界弯矩值近似等于无限长圆管失效的临界弯矩。因此，对于$\varOmega>0.5$的情况，端部横膈的影响很小。

正交各向异性圆管的截面椭圆化情况与上述结论有所不同。在对正交各向异性圆管进行椭圆化分析时，需考虑其纵横方向力学性能的差异。较低的横向弹性模量$E_{\perp}$使得竹材容易椭圆化，较高的$E_{\perp}$则使得竹材难以发生椭圆化。在相同曲率的情况下，$E_{\mathrm{P}}/E_{\perp}>1$的圆管相较于相反情况的圆管其椭圆化程度要大。为抑制椭圆化达到临界状态，E_{P}与$E_{\perp}$应尽可能地接近，用系数ξ表示各向异性比：

$$\xi = \frac{E_P}{E_\perp} \tag{2-15}$$

应用上式，竹材节间的等效长度 λ 可表示为：

$$\lambda = \xi^{1/4} L = \left(\frac{E_P}{E_\perp}\right)^{1/4} L \tag{2-16}$$

相应地，得到各向异性中空圆管椭圆化无量纲系数如下：

$$\Omega = \left(\frac{t\lambda^2}{r^3}\right)^{1/2} = \left(\frac{E_P}{E_\perp}\right)^{1/4} \left(\frac{tL^2}{r^3}\right)^{1/2} \tag{2-17}$$

一般植物中，其典型各向异性系数 ξ 为 10，根据式（2-16）和式（2-17），可见各向异性圆管的等效长度及系数 Ω 相较各向同性圆管将提高 1.8 倍。

在一些植物如玉米、高粱的茎秆中，往往还生长有一些低密度的泡沫状髓腔物质，这些填充物也可以起到抑制圆管发生椭圆化的作用。在局部屈曲发生至 Brazier 弯矩前，泡沫填充方式相当于为植物茎秆结构提供了一种策略，即在不大幅增加质量的情况下提高抗弯能力的方法。

（2）正交各向异性薄壁圆管失效模式判据

由前述分析，正交各向异性薄壁圆管失效模式分为下列三种情况。

1）Brazier 屈曲失效

将圆管承受弯矩 M_1 与 Brazier 弯矩进行比较，当满足下式时：

$$M_1 = M_B \tag{2-18}$$

圆管达到临界屈曲状态，一旦圆管承受弯矩 M_1 超过 M_B，圆管将突然局部失稳。

2）拉伸破坏（屈服或断裂）或压缩破坏

在整体弯曲变形作用下，圆管最大弯曲应力表达式为：

$$\sigma_{max} = \pm\frac{Mr}{I} = \pm\frac{M}{\pi r^2 t} \tag{2-19}$$

由强度条件可知，如果最大拉应力或压应力超过其强度极限，材料将发生强度破坏。至于具体在哪侧发生强度破坏，则由材料的抗拉强度极限及抗压强度极限的大小所决定。

竹材中维管束沿竹材纵向排列，其抗拉强度要大于抗压强度。据此可令平行于管轴的抗压强度 σ_{cP} 为圆管的失效应力，即：

$$M_2 = \pi r^2 t \sigma_{cP} \tag{2-20}$$

3）纵向劈裂失效模式

最后一种失效模式较为复杂。当管材沿轴向的力学性能强到可以抵抗失效时，其横向力学性能相对较弱的特点将显现出来，当管材横向强度不足以抵抗载荷时，圆管将沿横向出现裂纹。裂纹一旦产生，竹材将迅速沿纵向发生劈裂。导致圆管出现裂纹的现象实际上与圆管截面椭圆化有关。

下面对圆管横截面受力情况进行分析。图 2-10 给出了单位长度圆管在上下顶点受集中力 F 作用下的弯矩图。可以看出，由于对称性，圆环将在上下顶点处及左右两侧位置处产生弯矩极值，其中上下顶点处内侧受拉，左右两侧外侧受拉。由于上下顶点位置处的弯矩值比左右两侧的弯矩值要大，故圆环在上下顶点内侧处的拉应力最大，这说明同等情况下，圆管将在上下顶点的内侧先发生断裂破坏。对竹材而言，其纤维从内壁（竹黄）到外壁（竹青）呈梯度分布，外壁竹青位置处纤维密度高、排列紧密，而内壁竹黄位置处纤维疏松、细胞间隙较大，这种结构导致竹黄处抗拉强度要低于竹青处。2.2.1 节中竹筒在横向压缩下的测试破坏情况也说明了这种情况，即竹筒首先在上下侧即靠近上下压头处发生劈裂。

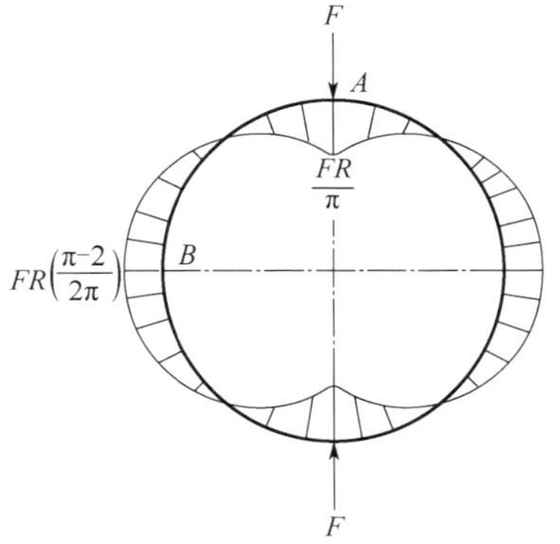

图 2-10　圆管在集中力作用下的弯矩图

集中力 F 作用下 A 点处的弯矩最大，为：

$$M_{\mathrm{A}}^{*}=\frac{Fr}{\pi}\approx 0.32Fr \tag{2-21}$$

集中力作用下，圆管发生变形（将变为椭圆形）。Young 给出了椭圆化后垂直方向的变形 ΔD_{v}。参考上文定义，此时椭圆化形状改变参数 ζ 为：

$$\zeta=\frac{\Delta D_{\mathrm{v}}}{2r}=\frac{0.149Fr^{3}}{2rE_{\perp}I}=0.89\frac{Fr^{2}}{E_{\perp}t^{3}} \tag{2-22}$$

最大环向应力 $\sigma_{\perp\max}$ 与弯矩满足：

$$M_{A}^{*}=\frac{1}{6}\sigma_{\perp \max}t^{2} \tag{2-23}$$

联立式（2-21）、式（2-22）、式（2-23），解得：

$$\zeta=0.46\frac{\sigma_{\perp \max}}{E_{\perp}}\times\frac{r}{t} \tag{2-24}$$

结合式（2-8），得无量纲曲率 c 为：

$$c=\left(0.35\frac{\sigma_{\perp \max}}{E_{\perp}}\times\frac{r}{t}\right)^{1/2} \tag{2-25}$$

令 $\sigma_{\perp \max}=\sigma_{\perp}$，将式（2-25）代入式（2-11），可得圆管纵向劈裂弯矩为：

$$M_{3}=2.15(rt)^{3/2}(E_{P}\sigma_{t\perp})^{1/2}\left(1-1.24\frac{\sigma_{t\perp}}{E_{\perp}}\times\frac{r}{t}\right) \tag{2-26}$$

综合上述分析，式（2-18）、式（2-20）和式（2-26）分别给出了正交各向异性圆管发生局部屈曲、拉压强度破坏及纵向劈裂时的弯矩表达式 M_1、M_2 和 M_3。忽略竹节影响，竹材具体发生哪种失效，这与其所承受的弯矩值有关。对三种弯矩 M_1、M_2、M_3 代以具体竹材力学性能参数，可以得到三者具体数值。进一步根据外载情况计算竹材实际承受弯矩，看弯矩先抵达哪一个弯矩值，即可判断竹材发生何种失效。

第 3 章　竹材篾片纵向力学性能试验

竹材是天然的功能梯度材料，其优异的力学性能与其微观结构有关。竹壁细胞由起传递载荷作用的薄壁组织和起支撑增强作用的竹维管束组成，沿着竹壁厚度方向，自竹青至竹黄，竹维管束密度逐渐变得稀疏，竹材的强度及弹性模量也逐渐减小，表现出明显的功能梯度特性[27]。

为了对竹材纵向力学性能沿径向呈现梯度变化的规律作表征，众多研究人员对竹材作了测试。通过对新鲜竹材小试样做拉伸测试，Nogata 和 Takahashi 指出，毛竹强度和弹性模量沿径向的梯度分布呈指数型规律，Amada 则认为竹材弹性模量沿壁厚方向呈抛物线形式变化。国内也有学者对竹片做了测试，但没给出具体变化规律。

为了建立竹材的宏观力学性能与其细观结构的关系，需对竹材宏观结构（篾片）以及细观结构（维管束）分别做力学测试，然后对测试结果进行分析比较，并建立其跨尺度关系。本章主要是对竹材薄片进行力学测试。

3.1 材料和方法

3.1.1　试验方案的制定

竹材薄片相关试验方案如下：

① 选取 4 年生代表性毛竹，在不同高度位置处剖取竹筒试样。

② 用破竹机把竹筒剖成同样宽度的竹片，得到竹条试样。

③ 对竹条试样沿横截面切片，置于显微镜下拍照，并用图像分析软件分析竹

维管束形状及其沿竹壁半径方向的分布规律。

④ 将同一节间的竹条试样分成两段：其中一段用于竹材篾片力学性能测试；另一段用来提取维管束，用于维管束力学性能测试。

⑤ 对竹片测试段，忽略弦向曲率影响，沿径向对竹条进行弦切，获取 5～8 个竹材薄片，由内至外标记顺序。

⑥ 测量各竹材薄片厚度尺寸，并计算其在竹材径向的位置。

⑦ 对竹材薄片做打磨处理，测量打磨后的试样尺寸，并计算其平均横截面面积。

⑧ 对竹材薄片沿纵向做拉伸测试，分析应力应变关系，得到竹材薄片的拉伸强度及弹性模量。

3.1.2 试样的选取

选竹秆通直、生长良好的 4 年生毛竹，将距离地面 2m、5m、8m 处部位分别作为基部（base）、中部（middle）、上部（top）。从各处截取无节竹段，用破竹机沿纵向将竹段劈制成竹条（图 3-1）后运回实验室。自然气干 6 个月。

图 3-1　竹条试样

3.1.3 试验方法

（1）测试气干后竹样的密度和水分含量

将不同高度位置处的竹条加工成长方体，分别测量重量，并用数显式游标卡尺测量试样尺寸。用电热鼓风恒温干燥箱对试样进行烘干处理，温度维持在 65 ℃。每隔 12h 称重一次，至试样重量基本保持为常量时停止烘干。

（2）制样

待竹段气干后，选取完整的竹条试样，将同一节间的竹条截取长度不同的两段，其中较长的一段用于竹材薄片力学性能测试，较短的一段用于维管束力学性能测试（详见第 4 章）。

（3）竹材篾片力学性能测试

采用拉伸试验方法对竹材薄片做拉伸测试。

国内关于竹材物理力学性能试验方法的标准有 3 个，分别是 GB/T 15780—1995《竹材物理力学性质试验方法》、JG/T 199—2007《建筑用竹材物理力学性能试验方法》以及 LY/T 2564—2015《圆竹物理力学性能试验方法》，三者均是针对竹材片状无瑕疵大试样制定的试验方法标准[46]，相关标准无法在竹材薄片试样上实施。

对较厚的竹片做拉伸测试，一般是参考了其他材料（如木材、高分子材料等）的测试标准。Ahmad 参考 ASTM D143-94《清洁木材小试样测试标准》对较厚的竹片小试样做了测试，虞华强等则参照高分子材料拉伸试样对分层竹片做了拉伸测试。另外，冼兴娟等、黄艳辉也采用类似方法对竹片做拉伸测试。上述测试工作中，一般将竹材按竹壁厚度分成内（竹黄）、中（竹肉）、外（竹青）三部分，竹片分层较少，层数一般取到 1～4 层，这种分片方法不能完全反映竹材的力学性能，所得测试结果无法对竹材沿厚度方向的功能梯度特性做出全面反映。

一些研究人员将竹材细分成 5～10 层薄篾片做测试研究，目前关于较薄竹材薄片的拉伸测试没有统一的标准，参照虞华强等的测试方法，我们将竹材整体加工成哑铃状（图 3-2），然后再劈制成竹材薄片试样，同时在夹持部位胶粘木材薄片等加强材料。测试发现，对极薄的竹材篾片，上述测试方法测试效果很不理想，由于竹材为单向纤维增强复合材料，哑铃状试件两端加宽部位起不到减小应力集中的作用，反而更容易在这些部位发生劈裂，造成试验的突然停止。试样极易在夹持部位沿轴向发生劈裂的现象主要发生在靠近竹壁外侧位置处的竹材薄片，这使得试样很难保证在中段发生断裂破坏（图 3-3）。另外，夹头部位的加强材料也会对测试结果造成影响，在分析竹材力学性能时，还需考虑端部加强材料力学性能对试验结果的影响，这会给试验带来种种不便。

考虑到上述原因，我们将竹片加工成矩形试样作拉伸测试，夹头部位也不用其他材料加强。沿厚度方向自外向内对竹条依次弦切，得到 5～8 个竹材篾片（厚度约 1mm），由内至外标记顺序。依次测量各竹材篾片厚度尺寸，并计算其在竹材径向所处的位置（图 3-4）。

为了对试样做拉伸测试，还需对竹材薄片做打磨处理。将竹材薄片打磨光滑平整后，分别在试样的两端和中间位置测量试样的尺寸，并计算试样的平均横截面面积。

测试仪器选择精度较高的拉力试验机 Instron 5544，加载速度为 2mm/min。观察试验曲线，选取应变在 0.3%范围内的直线段计算材料的弹性模量。

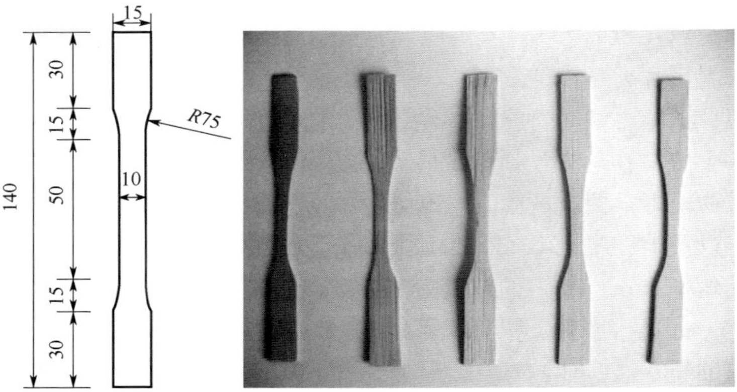

(a) 试样尺寸　　(b) 径向不同位置处的竹材薄片试样

图 3-2　哑铃状竹材薄片试样

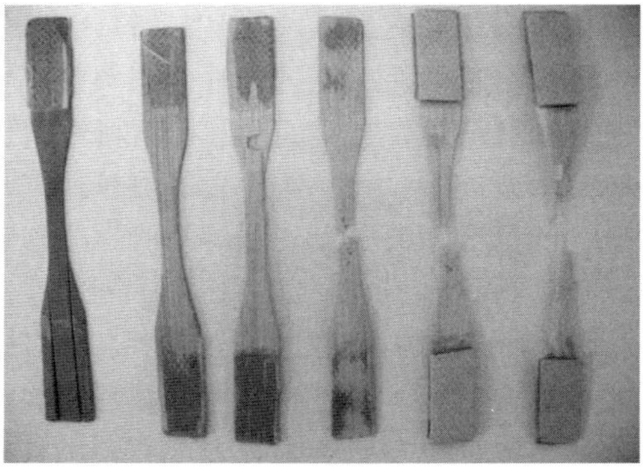

图 3-3　竹材薄片试样破坏现象

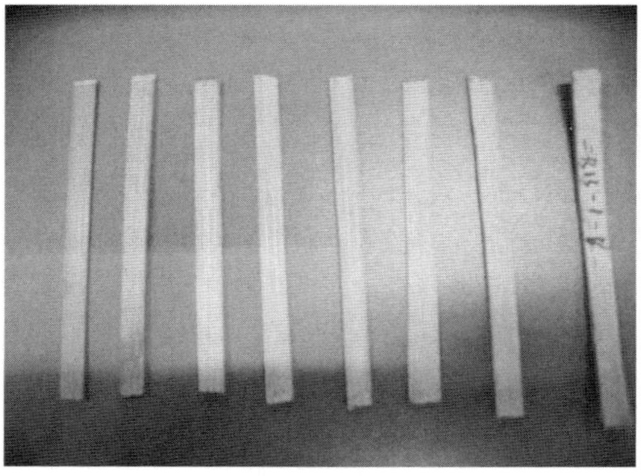

图 3-4　矩形竹材薄片试样

3.2 结果与讨论

3.2.1 试样密度及含水率的测定

竹材的密度及含水率与其力学性能之间有密切的关系，在对竹材作力学测试之前，我们对试样的密度和含水率做了测量。

表 3-1 为含水率及密度测定表，测试结果表明，竹材试样含水率在 8.12%～8.89%之间，密度在 0.675～0.730g・cm^{-3} 之间，平均含水率和平均密度分别为 8.46%和 0.707g・cm^{-3}。

表 3-1 竹样含水率和密度

试样标号	体积/mm^3	脱水前重量/g	脱水后重量/g	含水率/%	密度/(g・cm^{-3})
B-1	7418.90	5.601	5.111	8.75	0.689
B-2	8097.38	5.998	5.465	8.89	0.675
M-1	5562.20	4.329	3.977	8.13	0.715
M-2	6644.72	5.219	4.795	8.12	0.722
T-1	5718.26	4.466	4.082	8.60	0.714
T-2	5636.32	4.486	4.116	8.25	0.730

3.2.2 竹材薄片力学性能梯度分布规律

相关测试表明，对于很薄的竹材试样，哑铃状试样常在夹头位置处发生劈裂，为了避免这种现象，将竹材薄片加工成矩形试样作测试，同时试样长度保证在试样宽度的 4 倍以上。

对毛竹材薄片进行拉伸测试得到载荷位移曲线，经过换算，得到应力应变曲线（图 3-5）。观察发现，试样的应力应变曲线并不完全为线弹性曲线。在竹壁外侧，由于维管束细小且分布密集，拉伸应力应变曲线呈现非线性特征；而在竹壁内侧维管束含量少，应力应变曲线呈线性特征。

竹材薄片试样在不同位置处呈现不同特征，这与毛竹竹壁中的维管束大小、分布密度以及维管束力学性能的变化有关。

观测拉伸后的竹片试样，得到竹片的破坏形式，主要分为 3 种：纵向劈裂［图 3-6（a）］、纵向劈裂与横向断裂的组合形式［图 3-6（b）］、横向断裂［图 3-6（c）］。

纵向劈裂的破坏形式主要出现在靠近竹壁外侧竹青位置处，由于竹壁外侧竹片中维管束含量较高，维管束与薄壁组织力学性能的巨大差异，使得中间维管束在未被拉断的情况下，薄壁组织被破坏，然后沿维管束与薄壁组织截面处产生纵向劈裂，直至延伸到夹持部分；在竹壁内侧，毛竹薄片的断口呈现相对整齐的横向断裂特征。靠近竹壁内侧处试样的维管束含量很低，受拉时，力学性能较低的薄壁组织起主导作用，因此，试样破坏裂纹呈现较为平整的横向断裂特征，其应力-应变曲线更接近斜直线（图 3-5）。在竹壁中间毛竹薄片的断口呈现参差不齐的劈裂特征，横向断裂与纵向劈裂组合出现。由于竹材为维管束单向增强复合材料，维管束的力学性能远大于薄壁组织的力学性能。拉伸时裂纹先从中间薄弱的薄壁组织区域开始沿横向扩展，在碰到增强相维管束时，部分维管束被逐渐分开伴有拔出现象，随后沿着维管束与薄壁组织界面处纵向扩展。随着拉力的不断增大，裂纹又拉断维管束继续沿界面纵向延伸，断裂与劈裂交替出现，直至延伸到夹持部位，竹材薄片整体破坏。

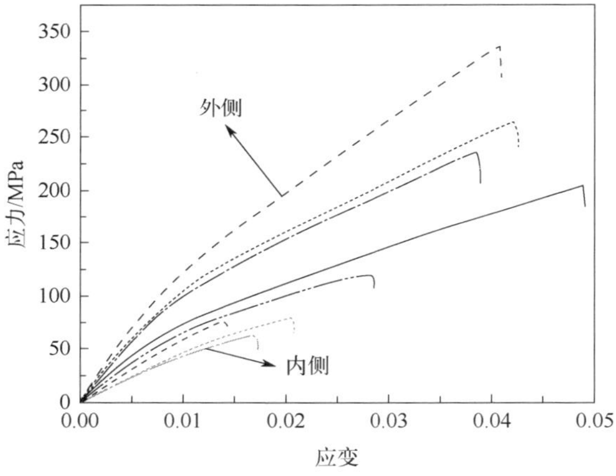

图 3-5　竹片拉伸应力-应变曲线

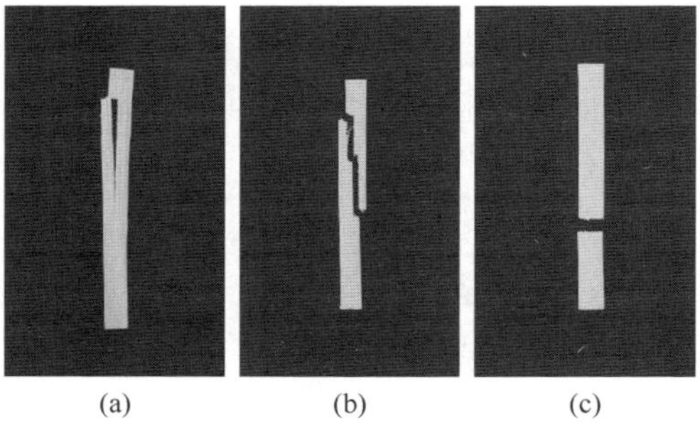
(a)　(b)　(c)

图 3-6　竹片破坏形式

为便于比较竹材不同位置处的力学性能，将竹材半径无量纲化，令：

$$\overline{r} = \frac{r - r_0}{t} \tag{3-1}$$

式中　r——竹材半径，m；

r_0——竹材内表面即竹黄的半径，m；

t——竹材厚度，m；

$\overline{r}$ ——竹材半径的无量纲化，$\overline{r}$=0 表示竹黄位置，$\overline{r}$=1 表示竹青位置。

（1）竹材强度的梯度分布规律

对选自基部（2m）、中部（5m）、上部（8m）三个位置处的竹材，分别将同一节间的竹材分层，得到竹材篾片，依次对各个篾片做拉伸测试，得到篾片的拉伸强度（图 3-7）。对各位置处的测试结果进行比较，得到竹材强度的梯度分布规律。

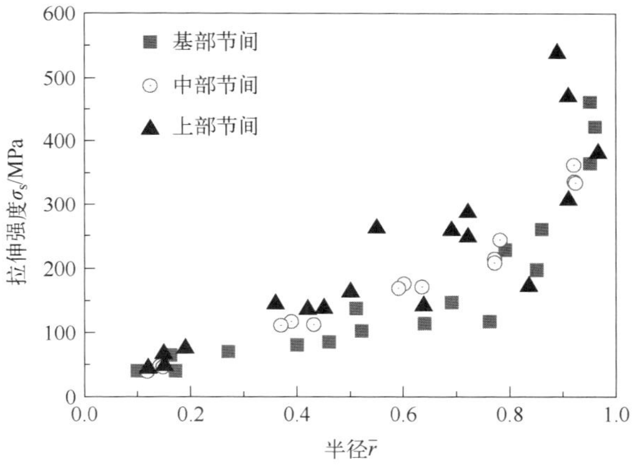

图 3-7　竹片拉伸强度分布规律

1）沿径向变化规律

沿竹壁厚度方向，自内向外，比较各位置处篾片的强度发现，基部节间强度变化范围在 40～461MPa 之间，中部节间强度变化范围在 40～362MPa 之间，上部节间强度变化范围在 45～537MPa 之间。在同一节间位置处，竹材强度沿壁厚方向呈明显梯度变化，其中，内壁即竹黄位置处强度最小，约为 40MPa，自内向外，随着厚度的增加，强度也逐渐增大，在靠近竹壁外侧即竹青位置处强度急剧增大。

2）沿高度方向变化规律

比较竹材在三个高度位置处的强度发现，基部节间位置处的强度最小，中部节间位置处的强度比基部略高，上部节间位置处强度最大。另外，三者在靠近竹黄位置处的强度相差不大，结果较为集中，均在 40MPa 左右，这是因为在竹黄位置处维管束含量很小，强度指标主要反映为基体薄壁组织的力学性能。而在靠近竹青位置处，由于维管束体积含量非常高，拉伸过程中容易发生劈裂，破坏位置也常常靠近夹头加载部位，故得到的测试结果较为分散。

（2）竹材不同位置处弹性模量梯度分布规律

对毛竹材不同高度位置处沿厚度分层得到的竹材篾片进行拉伸测试，得到应力-应变曲线，选取初始应变在 0.3%范围内的直线段计算材料的弹性模量。结果表明，竹材篾片沿径向自内向外，基部节间弹性模量变化范围在 2.0～16.4GPa 之间，中部节间弹性模量变化范围在 2.7～12.3GPa 之间，上部节间弹性模量变化范围在 3.1～16.2GPa 之间。

图 3-8 给出了各位置处竹片的弹性模量分布规律。比较三个高度位置处的计算结果发现，竹材自基部至上部，弹性模量逐渐增加；竹材篾片沿径向自内向外，弹性模量也呈逐渐增加趋势。

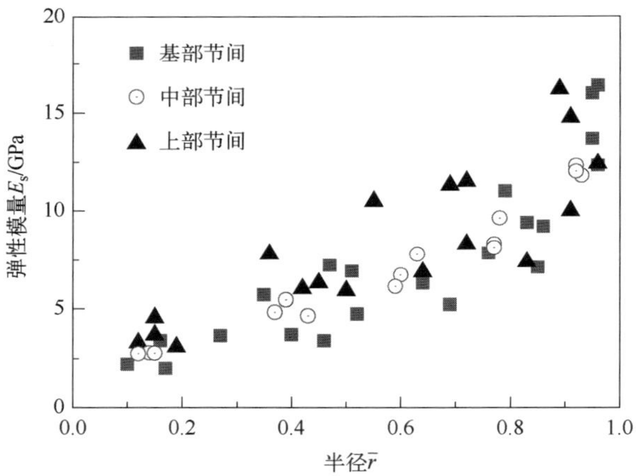

图 3-8　竹片弹性模量分布规律

复合材料中纤维体积百分比一般选在 0.5～0.8 之间，研究指出，复合材料的性能在纤维体积比接近 70%时最好，这时复合材料的强度和弹性模量最高[47]，考虑竹材中维管束的体积含量可知，在竹青位置处竹维管束的体积含量最高，也为 70%左右（详见第 4 章），而对竹材薄片的测试结果也反映出竹材在竹壁外侧强度和弹性模量最高，可知该处力学性能最为优异。这也反映了竹材结构优化的合理性，即为了保证在外载（主要是风载）作用下不发生弯曲破坏，竹壁外侧必须足够结实。

3.3 小结

① 竹材的密度及含水率与其力学性能之间有密切的关系，本章所测毛竹试样平均含水率和平均密度分别为8.46%和0.707g·cm^{-3}。

② 对取自不同高度位置处的毛竹试样分别劈制薄片，通过对毛竹材篾片的拉伸测试，得到了竹材力学性能沿壁厚的功能梯度分布规律。

a. 竹材篾片沿径向自内向外，竹材篾片在基部节间的强度变化范围在40～461MPa之间，中部节间强度变化范围在40～362MPa之间，上部节间强度变化范围在45～537MPa之间。在同一节间位置处，竹材强度沿壁厚自内向外逐渐增加，在靠近竹青位置处强度急剧增大。竹黄位置处强度最小，约为40MPa。竹材基部节间位置处强度最小，中部位置处强度比基部略高，上部位置处强度最大。

b. 竹材自基部至上部，弹性模量逐渐增加，其中，竹材基部节间弹性模量变化范围在2.0～16.4GPa之间，中部节间弹性模量变化范围在2.7～12.3GPa之间，上部节间弹性模量变化范围在3.1～16.2GPa之间。沿壁厚方向自内向外，竹材弹性模量也呈逐渐增加趋势。

c. 毛竹薄片试样在拉伸破坏时属于脆性断裂。但竹壁不同位置处的试样断裂方式不同，竹壁内侧试样断口较为平整，整体为横向断裂，竹壁外侧试样则出现纵向劈裂特征，中间试样的断裂方式为横向断裂与纵向劈裂交替出现。

第4章 竹材细观尺度力学性能试验

在细观尺度，竹材为纤维增强复合材料，由纤维增强相竹维管束和基体薄壁细胞组成。本章主要对毛竹维管束和基体的力学性能做试验分析。

为了分析毛竹维管束沿竹材壁厚方向的体积含量分布规律，在光学显微镜下观察了竹材横截面，并采用图像分析软件研究了毛竹维管束的体积含量分布规律。

为了得到竹维管束力学特性的变化规律，采用碱处理法提取出完整的竹维管束，通过单根竹维管束的拉伸测试，对竹维管束的力学性能做了系统分析，得到了竹维管束的分布规律。同时也对基体试样做了拉伸测试，得到了基体的强度和弹性模量。

4.1 竹维管束试验方案的制定

为了分析竹材的宏观性能与其细观结构的关系，我们分别对毛竹维管束和基体做力学测试。相关试验方案如下。

① 对竹材节间进行处理，得到竹条。

② 对竹条试样沿横截面切片，置于显微镜下拍照，并用图像分析软件分析竹维管束形状及其体积含量沿竹壁半径方向的变化规律。

③ 维管束力学性能测试：

a. 沿径向对竹条进行弦切，获取 5～8 个竹材薄片，由内至外对试样依次标记顺序。

b. 量取各竹材薄片尺寸，计算其在竹材径向的位置。

c. 用碱处理法提取维管束：将竹材薄片浸入 10%NaOH 溶液浸泡 24h，使其软化，再用去离子水清洗。

d. 在体视显微镜下从软化后的竹片试样中剥离出竹维管束，并标记顺序。

e. 在显微镜下依次对得到的竹维管束横截面拍照，用图像分析软件测量竹维管束横截面面积。

f. 将维管束试样两端用胶粘在两层硬纸板间，固定 24h。

g. 对竹维管束试样做拉伸测试，分析应力应变曲线，得到竹维管束的拉伸强度及弹性模量。

④ 基体力学性能测试：制备基体拉伸试样并对其做拉伸测试，分析应力应变曲线，得到基体的拉伸强度及弹性模量。

4.2 竹维管束形态及体积含量变化规律

4.2.1 毛竹维管束的形态

维管束的体积含量与竹材力学性能密切相关，在竹子节间的横截面上，沿径向由里向外，竹子维管束密度分布呈非线性递增，竹材强度也随之逐渐提高。在应用复合材料细观力学相关理论研究竹材力学性能时，需要先对竹维管束的形态变化及其在竹材中的分布情况做分析。

在竹材横截面上，维管束大小及分布密度都在按一定规律变化。维管束分布外密内疏，靠近竹青位置处维管束的形态不规则、尺寸较小且分布密集，通常不含导管、筛管，只有纤维素。往内半分化的维管束横截面呈椭圆形，开始具有输导组织，它们在竹材中平行排列，分布较为密集。再往内自中部至内部，出现典型维管束，截面呈菱形，四个纤维束鞘相互独立，导管、筛管及韧皮部发育完全，它们的尺寸逐渐变大，分布逐渐变稀，至竹黄位置处，维管束分布密度减至最小，其形态比中间部位稍细。

毛竹维管束形态有开放型和半开放型两种类型[48-50]。半开放型维管束的侧方纤维束鞘与内方纤维束鞘连在一起，通常出现在竹壁外层；毛竹中层及内部维管束均为开放型，开放型维管束具有明显的韧皮部、木质部，导管孔径比较大，在韧皮部、后生木质部导管和原生木质部导管外侧各具有一独立的纤维束鞘，它们对称分布，大小相近，整体截面呈梅花状（图 4-1）。

维管束在节间通直连续，在纵切面，维管束中的导管、纤维以及薄壁细胞都是整齐紧密地沿纵向平行排列，形成直纹理。通常认为在同一节间维管束沿纵向粗细及截面形状不发生变化，故维管束的体积含量 v_f 可以用面积含量 A_f 代替。整体而言，维管束的体积含量可以用半径的函数表示，一般有线性形式和抛物线形式，也有用维管束个数来表示维管束分布密度的。

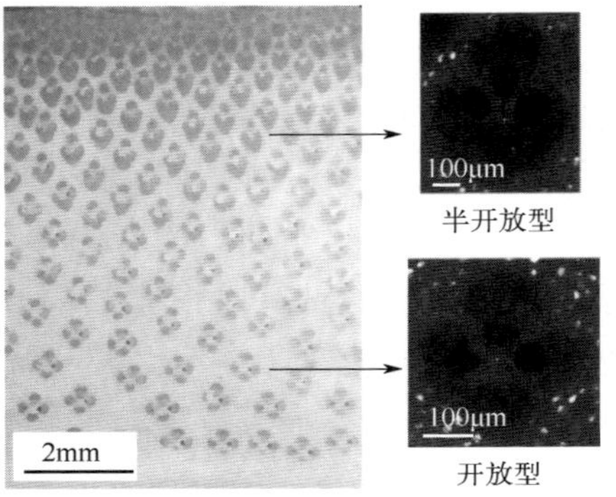

图 4-1　毛竹维管束形态

4.2.2　维管束体积含量的测定

4 年竹龄的毛竹采自浙江省安吉县天荒坪镇，胸高直径 7～9cm，将距离地面 2m、5m、8m 处部位分别作为基部、中部、上部，从各处截取无节竹段，劈成竹条后运回。

分别从不同高度位置处截取出竹段，待气干后，沿厚度方向做切片，为了更清晰地观察维管束形态分布，预先对切片进行染色处理，然后在配有数码相机的光学显微镜 Leica DM2500 下观察切片并沿厚度方向对切片分段拍照（图 4-2）。再用图像处理软件对得到的照片做分析，手动圈出每个维管束的轮廓并测量每个维管束的面积，统计出切片单位厚度内维管束整体的面积，通过计算，得到径向不同位置处维管束的体积含量 v_f。

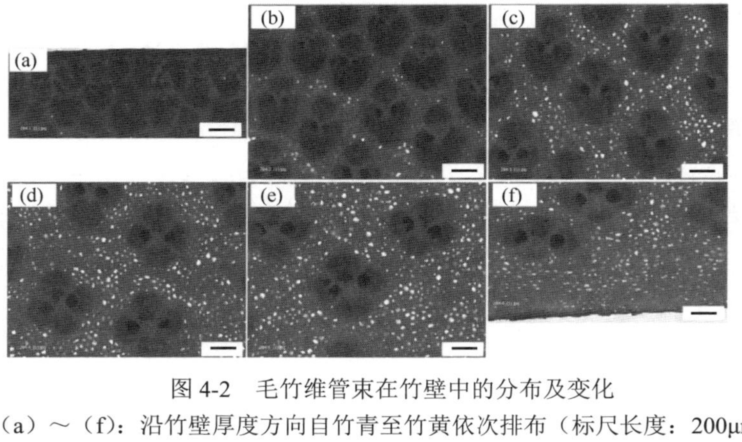

扫码看彩图

图 4-2　毛竹维管束在竹壁中的分布及变化

（a）～（f）：沿竹壁厚度方向自竹青至竹黄依次排布（标尺长度：200μm）

4.2.3 维管束体积含量变化规律

图 4-3 给出了不同高度位置处毛竹维管束的体积含量变化情况，维管束体积含量 v_f 沿径向由内到外逐渐增加，在靠近竹黄位置处最小，约为 15%～25%，在竹青位置处体积含量最大，约为 60%～75%。分析发现，毛竹不同位置处横截面内维管束的体积百分比均呈线性分布（图 4-3），这与冼杏娟等[51]、肖德兴等[52]以及黄盛霞[53]所得结论一致。

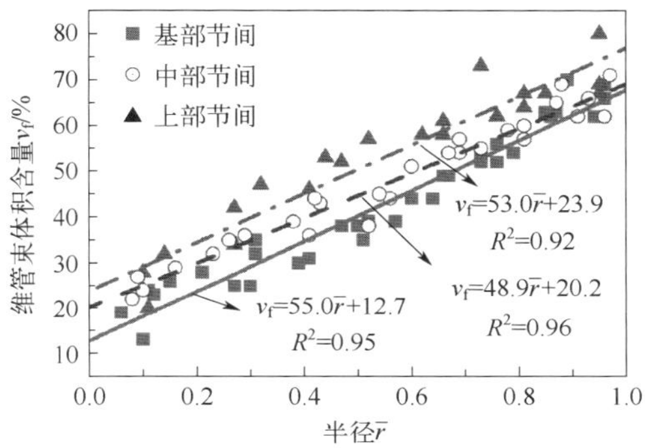

图 4-3 毛竹维管束体积含量分布规律

在不同位置处，竹维管束的体积含量沿径向分布规律可用下式表示：

$$v_f = c\bar{r} + d \tag{4-1}$$

式中 v_f——维管束体积含量，%；

c，d——常系数，在不同高度位置处它们也不同，其中：

基部（the base part）：$c = 55.0$，$d = 12.7$

中部（themiddle part）：$c = 48.9$，$d = 20.2$

上部（the top part）：$c = 53.0$，$d = 23.9$

从图 4-3 和式（4-1）可以看出，虽然沿径向自内向外增加趋势有所不同，但沿着高度方向维管束体积含量由根部向上逐渐增加，在顶部达到最大。

4.3 竹维管束拉伸测试

4.3.1 竹维管束的提取

提取竹维管束的竹段取自与竹片测试相同的节间。待竹段气干后，将该竹段加工成 60mm（长）×10mm（宽）的试样，对每个试样沿厚度方向劈成 5～8 层 1mm 厚的篾片。接着测量篾片厚度，计算其在竹材径向所处的位置。

在每个篾片中直接提取维管束是很困难的，必须对其做软化处理。这里采用了碱处理法。Ray 等经实验发现，篾片经用 10%的 NaOH 溶液浸泡软化后可以溶解掉部分薄壁细胞组织（基体），但对维管束的力学性能影响很小[54]。

参考 Ray 等提取维管束的碱处理法，将试样浸泡在 10%NaOH 溶液中软化 24h（图 4-4）。用去离子水清洗干净试样，然后置于体视显微镜下观察，从湿润的篾片中间部位选定 10～15 根维管束，用锋利刀片将维管束连同周围基体剖出，再小心除去维管束周围的薄壁基体组织，得到完整的维管束（图 4-5）。需要注意的是，维管束周围的基体组织必须处理干净，一旦剔除干净，不论干燥与否，维管束将保持通直，如果基体处理不干净，由于基体吸湿能力高于维管束，得到的维管束将会由于湿度的影响发生不同程度的弯曲（图 4-6）。

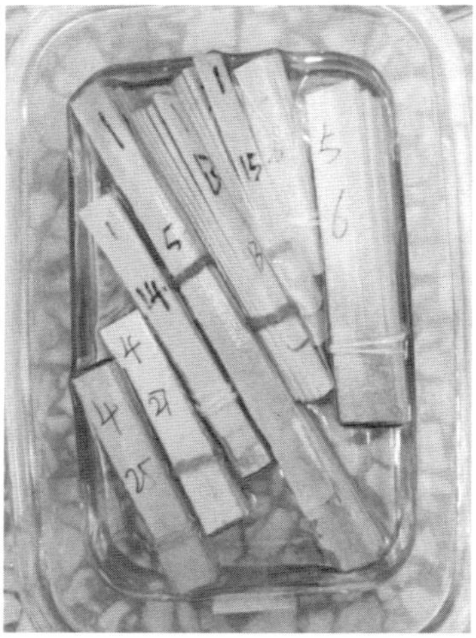

图 4-4　碱处理法软化竹材篾片

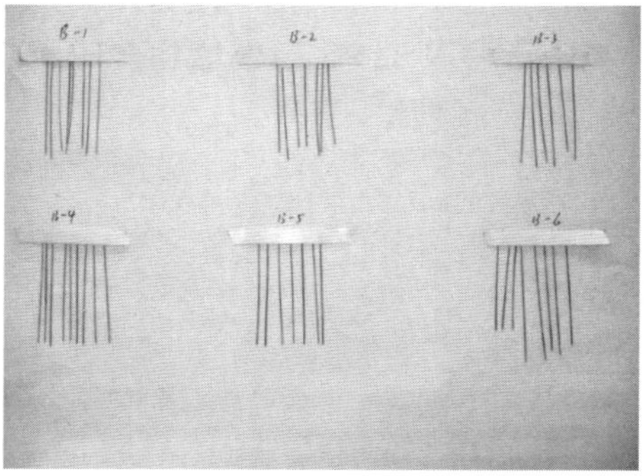

图 4-5　竹材篾片中提取出的竹维管束试样

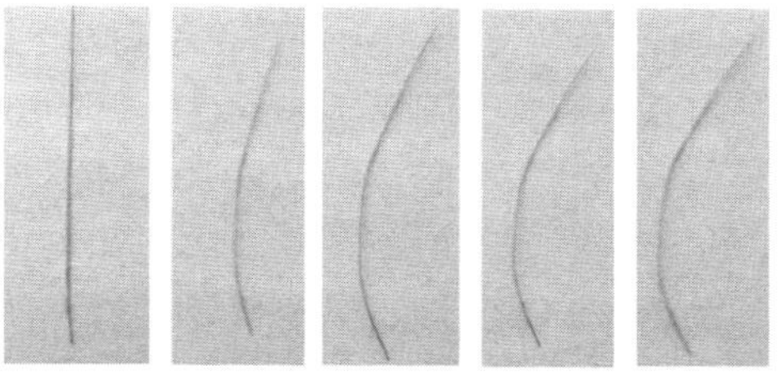

(a) (b) (c) (d) (e)

图 4-6　带基体维管束受湿度影响发生的变形

（a）～（e）：全湿到全干逐渐变化

4.3.2　试样横截面面积测量

测试维管束的力学性能需要知道其横截面面积的大小。Ray 等[54]将维管束截面视为椭圆形，通过测量其长短轴尺寸计算横截面面积，黄艳辉[27]也用螺旋测微计测量维管束直径并估算了维管束的面积。但在维管束类植物中，维管束横截面呈不规则形状，将维管束看作圆形或椭圆形截面计算横截面面积存在很大的误差。

通过对亚麻和剑麻维管束横截面形态的测试，Thomason 和 Carruthers 认为对维管束采用直径测量法计算维管束横截面面积会产生很大的误差，进一步采用统计平均面积计算纤维平均力学性能也会产生明显误差，因此对单个维管束采用自身面积计算力学性能更为准确。尤其是在对天然纤维进行细观力学研究的过程中，这个问题更应该引起重视，因为纤维横截面尺寸的差别将导致纤维力学参数如强度和弹性模量等量值发生改变。

针对亚麻和剑麻维管束横截面尺寸沿轴向的变化发现，维管束横截面大小沿纵向的变化范围很小。尚莉莉也发现毛竹维管束的面积平均值沿轴向变化不明显[50,55]。因此，在竹维管束力学性能测试过程中，可以将维管束视为等直柱杆加以考虑。

由于竹维管束非常细小，加之横截面呈不规则形状（图 4-7），故对其横截面面积的测量需要借助光学显微镜。首先在维管束拉伸试样端部做切片，用光学显微镜（Leica DM2500）对试样横截面拍摄图片，然后再利用图像处理软件计算出每个试样的横截面面积（图 4-7）。

4.3.3　拉伸试样预处理

在对细长的维管束进行拉伸测试过程中，要防止试样在夹持部位以及安装过程中出现损伤。参考前人工作，采用胶粘方式，选取一定厚度的纸板，用二组分环氧树脂胶黏剂将维管束两端粘接在硬纸板间，加以固定（固定时间：24h），见图 4-8。

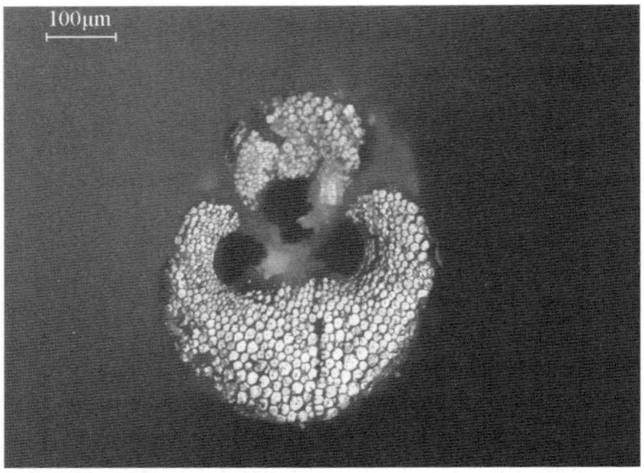

图 4-7 维管束横截面形状（标尺长度：100μm）

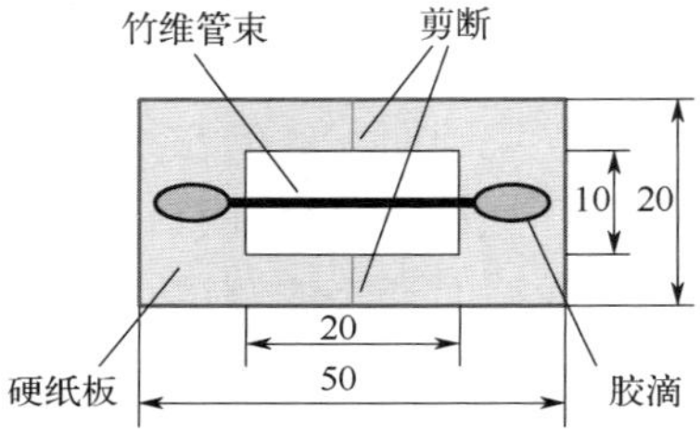

图 4-8 竹维管束拉伸试样测试尺寸（单位：mm）

4.3.4 拉伸测试

待胶粘牢后，将试样置于 Instron 5544 试验机上做拉伸测试，采用机械夹持法（图 4-9），调试试样方向与载荷方向一致后，将手动夹头拧紧，然后用剪刀剪去中间的硬纸板，进行拉伸测试，加载速度与竹片加载速度相同，也为 2mm/min。在试样拉伸破坏后，停止试验，取下试样。

图 4-9 毛竹维管束拉伸试验

将载荷位移曲线转变为应力-应变曲线，从中选取初始弹性变形段内的直线段计算竹材薄片的弹性模量，弹性模量按下式计算：

$$E = \frac{Fl}{\Delta l A} \tag{4-2}$$

式中 E——弹性模量，GPa；

F——拉力，N；

l——试样标距，mm；

Δl——试样变形量，mm；

A——试样初始横截面面积，mm^2。

由最大抗拉力计算抗拉强度：

$$\sigma_b = \frac{F_{max}}{A} \tag{4-3}$$

式中 σ_b——抗拉强度，MPa；

F_{max}——最大抗拉力，N。

断裂应变计算公式：

$$\varepsilon = \frac{\Delta l}{l} \times 100\% \tag{4-4}$$

式中 ε——断裂应变，%；

Δl——拉伸变形量，mm；

l——试样原长，mm。

4.4 结果与讨论

4.4.1 维管束破坏模式

维管束破坏现象为脆性断裂。维管束拉伸测试载荷位移曲线如图 4-10 所示，试验曲线明显接近于直线，当试验载荷达到最大值时，试样局部发生破坏，随着试样横截面面积的变小，试样承载能力迅速减弱，使得试样最后发生整体破坏。竹维管束可以看成是竹纤维束鞘与综合多孔相组成的复合材料，维管束横截面面积以及维管束类型沿径向呈现巨大的差异（见 4.4.5 节），使得内侧维管束和外侧维管束在拉伸破坏时呈现不同的断裂方式[38]。

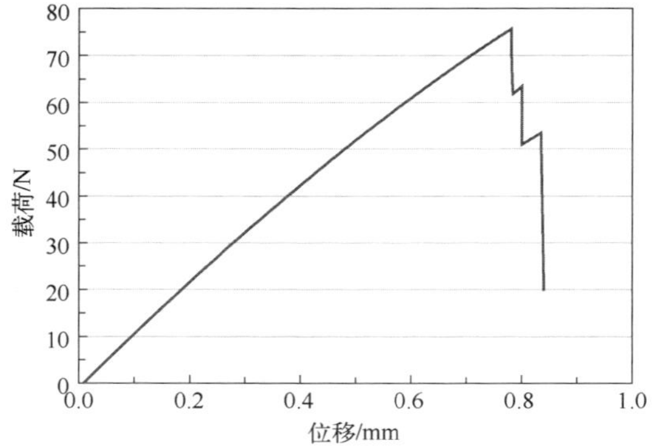

图 4-10　毛竹维管束拉伸测试载荷位移曲线

维管束是由一系列短竹纤维和基体组成的单向纤维增强复合材料。对竹纤维束断裂表面的微观结构进行分析后发现，在微观尺度上存在的界面脱黏、滑动和纤维拔出，是裂纹出现的主要原因。图 4-11 和图 4-12 分别展现了内侧维管束和外侧维管束试样拉伸后的照片。沿壁厚方向，由于维管束的大小、面积以及维管束类型均在发生变化，使得维管束试样的破坏具体表现为两种典型方式，即脆断型和扫帚型。

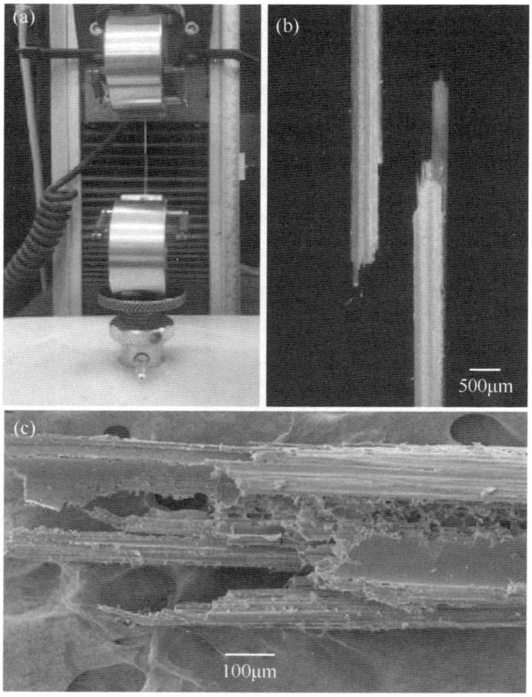

图 4-11　内侧维管束断裂特征

图 4-12　外侧维管束试样破坏现象

图 4-11（b）、（c）展现了内侧维管束断裂面电镜照片，维管束破坏具体呈现为锯齿状，主要为薄壁组织细胞的断裂延伸至纤维束的拔出。这种断裂方式可归因于靠近竹材内侧维管束为开放型，四个纤维束鞘瓣平均分布，综合多孔相的面积更大，使其中纤维含量较低。当载荷传递到纤维束和多孔相的界面时，纤维束能承受更高的载荷，致使界面处产生剪切应力。随后裂纹产生在多孔相的薄弱区域，随着应力增大，纤维束与多孔相的界面产生滑移，裂纹沿着纤维扩展并加宽，直至纤维束逐渐分离，从薄壁组织中拔出，纤维束被拉断。

图 4-12 给出了竹壁外侧典型竹维管束测试破坏后的情形。竹维管束的破坏现象较为特殊，它的破坏断面不平整，其内部各集束纤维呈扫帚状散开。外侧维管束属于半开放型，纤维束鞘占据较大部分面积，而综合多孔相面积很小，甚至在最外侧消失，导致靠近竹壁外侧的维管束与内侧维管束呈现不同的断裂形式。为了更为精确地观察维管束破坏现象，在电镜下对维管束作原位拉伸，发现在拉伸过程中，先是纤维束与基体同步发生弹性变形，随着载荷的增大，试样靠近外表面处局部纤维一端与试样发生脱离并翘起［图 4-13（a）］，随之裂纹迅速沿纤维与基体间的界面扩展至整体，直至试样发生整体破坏［图 4-13（b）］。观察破坏后的试样可以发现，维管束中的纤维基本未发生破坏，端部尖端仍保持完好（图 4-14），因此可以断定维管束的破坏主要是由纤维与基体面间的界面脱黏引起的。

4.4.2　维管束拉伸测试结果

对不同高度位置处的竹材进行分层，并从每层篾片中提取出维管束，通过对维管束的拉伸测试，可以得到各位置处维管束的拉伸强度、弹性模量（选取应变在 0.3%范围内的直线段计算材料的弹性模量）以及断裂应变等参数，依次对各层

(a) 维管束局部破坏

(b) 维管束整体破坏

图 4-13　竹维管束原位拉伸

篾片中的维管束测试结果取平均，可以得到不同径向位置处维管束的力学测试结果。表 4-1 给出了不同高度、不同径向位置处竹维管束的平均测试结果，从表中可以看出，不同位置处维管束的力学性能存在着很大差异。

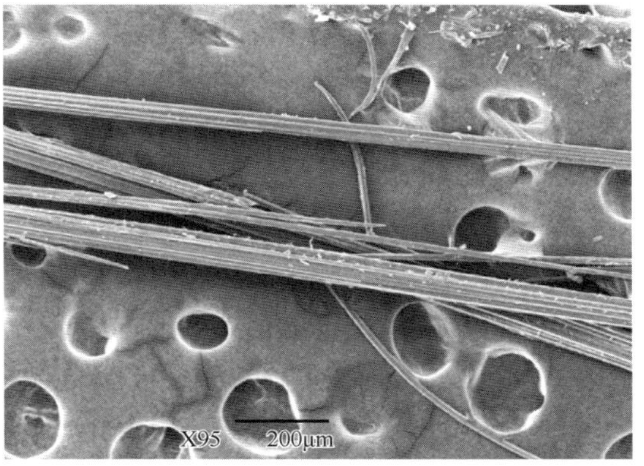

图 4-14　维管束破坏后的纤维

表 4-1　不同位置处毛竹维管束的拉伸测试结果

高度位置	径向相对位置	弹性模量 E_f/GPa	拉伸强度 σ_f/MPa	破坏应变/%
上部	0.16	21.7	631.9	3.9
	0.43	23.6	674.0	3.9
	0.62	27.1	743.4	3.7
	0.77	27.6	805.6	4.2
	0.93	30.6	834.0	3.7
	0.97	35.9	884.0	3.2
中部	0.13	18.7	498.3	3.4
	0.34	23.3	603.4	3.3
	0.51	24.8	736.4	4.0
	0.65	27.4	794.0	4.1
	0.80	25.5	800.5	4.3
	0.95	30.8	916.2	3.9
基部	0.08	17.0	495.2	3.8
	0.11	17.6	587.4	4.3
	0.29	19.1	556.5	4.0
	0.45	20.0	601.0	3.9
	0.58	22.1	615.4	3.9
	0.70	23.9	685.3	3.8
	0.83	24.6	889.0	4.4
	0.96	29.5	873.8	3.9
	0.98	28.8	768.4	3.1

对取自相同节间的维管束测试结果加以比较，可以得到竹维管束沿径向的变化规律；对取自不同高度位置处的维管束测试结果进行比较，可以得到竹维管束沿高度方向的变化规律。

目前对维管束开展相关测试的工作尚处于起步阶段，国内较为成功的有黄艳辉[27]、尚莉莉[50]等的工作，表 4-2 给出了他们的相关测试结果。但对维管束作系统测试并研究维管束沿竹材壁厚变化规律的工作目前仅限于本书。这里将本书测试结果与他们的测试结果做了比较。

表 4-2　毛竹维管束相关测试结果

高度位置	弹性模量 E_f/GPa	拉伸强度 σ_f/MPa	采集地	竹龄/岁	参考文献
基部（2m）	20.53～57.61（37.74）	229.11～715.34（461.03）	浙江富阳	1.5	黄艳辉[27]
梢部（5m）	19.57～55.61（31.98）	197.32～692.06（439.83）	安徽黄山	4	尚莉莉[50]
中部（3m）	19.59～54.35（33.51）	290.70～908.27（503.14）			
基部（1m）	16.80～60.59（38.31）	148.75～972.17（609.50）			

注：括号内为平均值。

黄艳辉对提取出的毛竹维管束做了拉伸测试，得到了维管束强度和弹性模量的变化范围，但没有给出维管束具体位置，无法与本书所得数据比较。另外，黄采用测直径的方法对维管束估算横截面面积，这会对试验结果造成很大误差。因为采用直径测量方法测量植物维管束横截面面积并不合适，天然植物维管束横截面呈不规则形状，采用该方法计算出的面积比实际面积要大 2 倍，甚至更多。

尚莉莉将毛竹沿竹壁分为内（竹黄）、中（竹肉）、外（竹青）三部分，分别从基部、中部和梢部三个高度位置处提取并测试维管束力学性能，得到了不同位置处维管束的弹性模量和强度变化范围（表 4-2），同时得出了从内层到外层，维管束弹性模量逐渐增加的规律。尚莉莉得到了较为翔实的测试数据，但由于对竹材分层层数太少，维管束沿壁厚的具体变化规律无法得到反映。

4.4.3　竹维管束不同位置处强度的梯度分布规律

比较各位置处毛竹维管束的强度发现，基部节间强度变化范围在 495.2～889.0MPa 之间，中部节间强度变化范围在 498.3～916.2MPa 之间，上部节间强度变化范围在 631.9～884.0MPa 之间。为了反映各节间不同壁层位置处竹维管束强度的分布情况，结合表 4-1 得到不同径向位置处强度的测试数据，用图形示出强度的变化规律（图 4-15），同时给出了同一篾片中维管束强度的变化范围（图中用竖线表示）。

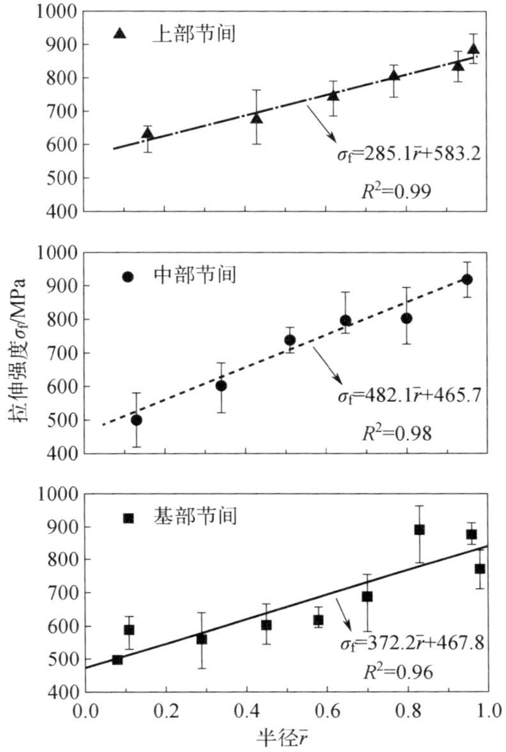

图 4-15　毛竹维管束强度变化规律

从图 4-15 可以看出，沿径向自内向外，竹维管束强度逐渐增大，通过对图中数据做拟合，发现在三个位置处，维管束强度沿径向的变化规律均可用下式表示：

$$\sigma_f = A\bar{r} + B \tag{4-5}$$

式中　σ_f——维管束强度，MPa；

A，B——常系数，在不同高度位置处，它们分别为：

基部：$A = 372.2$，$B = 467.8$；

中部：$A = 482.1$，$B = 465.7$；

上部：$A = 285.1$，$B = 583.2$。

比较不同高度位置处竹维管束的强度可知，基部节间位置处的强度最小，上部和中部节间强度都要高于基部节间。同时发现，基部和中部节间靠近竹材内壁位置处竹维管束的强度值非常接近，但中部节间维管束强度沿径向增加趋势要高于基部节间的增加趋势，使得中部节间维管束强度高于基部节间。上部节间与中部节间相比，竹材内壁处上部节间强度高于中部节间，在竹壁中间位置处二者强度接近，但在靠近竹材外壁处，中部节间强度要大于上部节间。

4.4.4 竹维管束不同位置处弹性模量梯度分布规律

对不同位置处的维管束作拉伸测试，测得基部节间毛竹维管束弹性模量变化范围在 17.0～29.5GPa 之间，中部节间弹性模量变化范围在 18.7～30.8GPa 之间，上部节间弹性模量变化范围在 21.7～35.9GPa 之间。

结合表 4-1 给出的弹性模量测试数据，我们分别给出了不同弹性模量位置处毛竹维管束弹性模量沿径向自内向外的变化规律（图 4-16）。

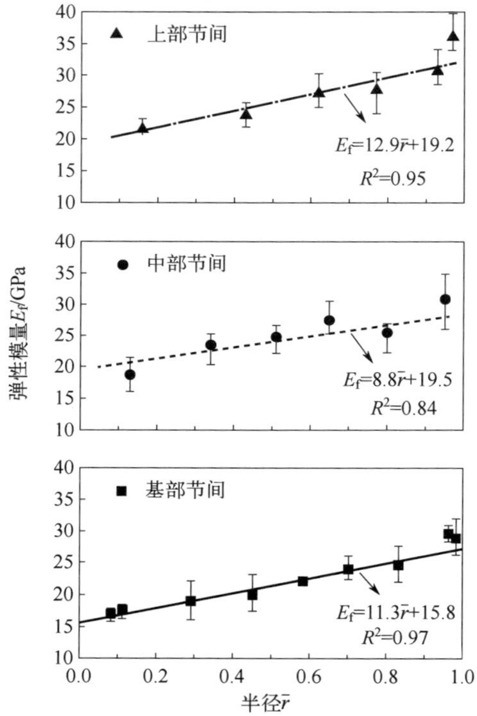

图 4-16　毛竹维管束弹性模量变化规律

采用与强度相同的处理方法，对弹性模量数据做拟合，得到维管束弹性模量沿径向的变化规律为：

$$E_{\mathrm{f}} = a\bar{r} + b \tag{4-6}$$

式中　E_f——维管束弹性模量/GPa；

a，b——常系数，在不同高度位置处，它们分别为：

基部：$a=11.3$，$b=15.8$；

中部：$a=8.8$，$b=19.5$；

上部：$a = 12.9$，$b = 19.2$。

可以看出，对三个高度位置处的竹材节间，沿径向自内向外，它们的维管束都有相同的变化趋势，即随着厚度的增加，维管束弹性模量逐渐增大，且增大趋势均呈线性。从图 4-16 还可以发现，一般在靠近竹青位置处，维管束弹性模量会急剧增大。

另外，从测试结果和趋势图可以看出，沿高度方向，自基部至上部，随着高度的增加，毛竹维管束的弹性模量有递增趋势。

4.4.5 导管孔洞及综合多孔相对竹维管束力学性能的影响

Madsen 等曾指出，植物纤维复合材料中通常存在着细胞空腔等孔隙，这些孔隙体积可观，它们的存在会对复合材料力学性能产生很大影响。为了研究这些孔隙对维管束力学性能的影响，我们分析了孔隙的变化规律。

在维管束中存在着导管和筛管等空腔，同时这些孔洞的孔径在按一定规律变化。观察竹秆壁层中的维管束微观形貌可知，秆壁外层竹青位置处维管束未分化，其尺寸较小，通常不含导管、筛管而只有纤维；往内，维管束半分化，呈半开放型，开始具有输导组织，但导管孔径仍较小，其侧方纤维束鞘与内方纤维束鞘连在一起，纤维含量较高；再往内自中部至内部，维管束呈开放型，筛管及韧皮部发育完全，导管孔径尺寸逐渐变大。这些孔洞尺寸的变化对维管束的力学性能有着一定影响。

竹维管束可以看作纤维增强复合材料，其中纤维束鞘及纤维帽中的厚壁纤维细胞较硬，可将其看作增强相，导管、筛管和薄壁细胞组成的综合多孔相质地偏软，可视为基体相[50]。复合材料的力学性能由其组成各相的力学性能和分布情况决定，对维管束而言，其力学性能沿竹材径向的变化规律与其中厚壁纤维的含量、导管孔径面积以及综合多孔相面积等沿径向的变化有关，它们是影响维管束力学性能的重要因素。

在计算竹维管束的强度和弹性模量过程中，通过对维管束的轮廓拍照测量了维管束的面积（见 4.3.2 节），其中没有考虑导管、筛管等孔洞的影响。为了分析导管、筛管等孔洞以及综合多孔相对竹维管束力学性能的影响，我们分别对不同位置处维管束中导管、筛管的面积以及多孔相的面积做了测量，分析了它们沿竹壁径向的变化情况。

图 4-17 示出了毛竹维管束中导管、筛管孔洞及多孔相面积含量沿竹壁径向的变化规律。根据测试数据，可以得到竹材基部、中部及上部节间孔洞面积含量和多孔相面积含量沿径向的拟合方程。

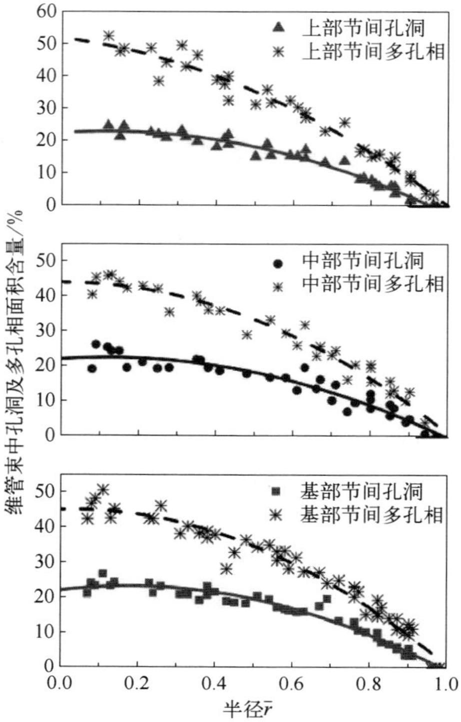

图 4-17　毛竹维管束孔洞及多孔相面积含量沿径向变化规律

用 A_v 表示维管束中孔洞面积含量，式（4-7）～式（4-9）分别给出了毛竹基部、中部及上部节间位置处维管束中孔洞面积含量沿径向自内向外的变化规律：

基部节间：
$$A_v = -36.5\,\bar{r}^2 + 13.4\,\bar{r} + 22.2 \tag{4-7}$$

中部节间：
$$A_v = -30.1\,\bar{r}^2 + 7.5\bar{r} + 22.2 \tag{4-8}$$

上部节间：
$$A_v = -33.3\,\bar{r}^2 + 8.2\,\bar{r} + 22.7 \tag{4-9}$$

由图 4-17 和式（4-7）～式（4-9）可知，在三个高度位置处，维管束中孔洞面积含量沿径向的变化规律一致，均呈二次抛物线分布，自内向外，导管孔径逐渐减小，孔洞面积含量也随之减小。在竹材内壁位置处，孔洞面积含量为 22%，在竹青位置处，导管消失，故孔洞面积含量为 0。

用 A_p 表示维管束中多孔相的面积含量，式（4-10）～式（4-12）分别给出了毛竹基部、中部及上部节间位置处维管束中多孔相面积含量沿径向自内向外的变化规律：

基部节间：
$$A_p = -47.7\bar{r}^2 + 3.3\bar{r} + 45.1 \tag{4-10}$$

中部节间： $$A_p=-44.0\bar{r}^2+0.8\bar{r}+44.1 \tag{4-11}$$

上部节间： $$A_p=-37.6\,\bar{r}^2-14.3\bar{r}+52.1 \tag{4-12}$$

在三个高度位置处，沿径向自内向外，维管束中多孔相面积含量的变化规律与孔洞面积含量变化规律相似，亦呈二次抛物线分布，自内向外，多孔相面积含量逐渐减小。在竹材内壁位置处，基部节间和中部节间的多孔相面积含量为45%，上部节间多孔相面积含量略大，为52%；靠近竹青位置处，多孔相面积含量均趋于0。整体而言，沿竹材轴向三个节间位置的多孔相面积含量相差不大。

比较各位置处孔洞面积含量和多孔相面积含量变化情况可以发现，多孔相面积含量一般比孔洞面积含量大一倍，可知在毛竹维管束中导管、筛管的孔洞面积与薄壁细胞区域的面积相当。

在维管束横截面中，去除导管、筛管等孔洞面积的影响，竹壁中间和内层维管束强度和弹性模量较原先测量值变大，竹壁外层靠近竹青处无孔洞，其值不改变（图4-18）。同时由于维管束中导管孔洞面积含量沿竹材径向的逐渐变化，发现维管束力学性能沿径向变化趋势变缓。

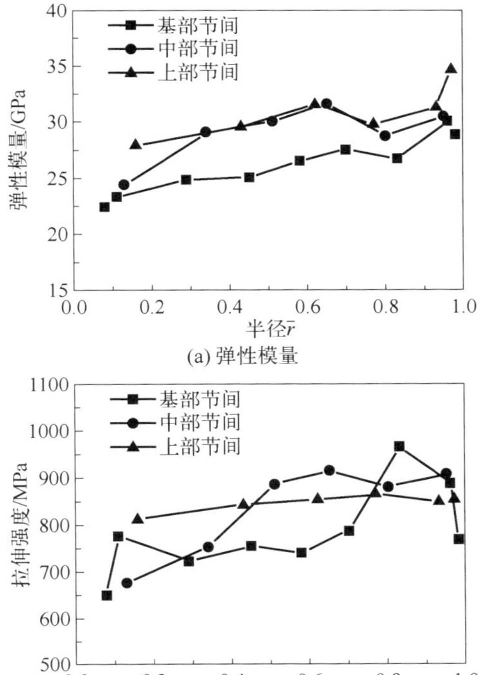

图4-18 去除孔洞后竹维管束力学性能沿径向的变化规律

去除多孔相的影响，仅考虑维管束鞘的影响，这时竹壁中间和内层维管束的强度和弹性模量较去除导管、筛管孔洞时的相应值更大（图 4-19）。这些变化使得维管束力学性能沿径向变化趋势更为平缓，甚至在上部节间出现了下降趋势。

综上可知，维管束中的孔洞面积含量、多孔相面积含量及其沿径向的变化对竹维管束力学性能的变化趋势存在很大影响。由于沿轴向对竹材取样较少，还无法全面反映竹维管束沿竹材轴向的变化规律，相关内容有待进一步研究。

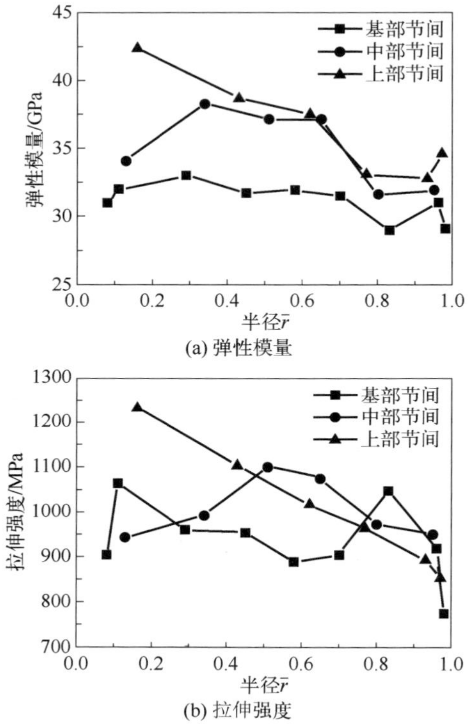

图 4-19 去除多孔相后竹维管束力学性能变化规律

4.4.6 竹材基体薄壁细胞组织的力学性能

在竹材复合材料中，其基体相是泡沫状的多孔薄壁细胞组织，其主要成分为木质素。木质素是各向同性的三维空间网状高分子，Srinivasan 于 1941 年最早对木质素的弹性模量进行了试验测定，得到木质素弹性模量为 2GPa，Mark 于 1967 年推测木质素的泊松比为 0.3，剪切模量为 0.785GPa，后来这三个参数被普遍引用。

通常认为竹材中薄壁细胞基体的力学性能为常量。对竹材基体力学参数的预测一般是采用复合材料细观力学混合定律公式间接计算得到的，但不同学者得到的结果不尽相同，如 Nogata 和 Takahashi 通过对产自日本的毛竹试样进行测试，采用混合定律计算公式给出了基体的弹性模量为 2GPa，强度为 25MPa[22]，而 Amada 及其合作者对同样产自日本的 2 年竹龄毛竹做了测试，虽然也得到相同的基体弹性模量（2GPa），但强度却为 50MPa[4]，远大于 Nogata 和 Takahashi 的结果。上述研究中，都没有对竹材基体做测试，故无法验证计算结果的对错。

1997 年，Wimmer 等首先将纳米压痕技术引入木材科学领域，测试了云杉管胞细胞壁次生壁的纵向弹性模量和硬度，随后，Gindl 等、Tze 等及 Wu 等也陆续采用纳米压痕技术分别对云杉、松树以及阔叶材纤维细胞壁的弹性模量和硬度做了测试。

随着纳米压痕技术在木材科学领域的应用，研究人员开始采用纳米压痕技术对竹材做测试，余雁等采用纳米压痕技术测得毛竹基体薄壁细胞胞壁的弹性模量为 5.8GPa[28]，而 Zou 等采用同样的方法对采自相同地区的毛竹材基体试样做了测试，得到薄壁细胞胞壁的弹性模量为 3.4GPa[30]，测试结果不尽相同。

为了测试竹材中基体相的弹性模量，笔者从竹材靠近内壁位置处切取维管束分布密度较为稀疏的部分，去除周围维管束，使其仅留有基体部分，再小心地将其制备成哑铃状基体试样［图 4-20（a）］。在 Instron 试验机上采用与竹维管束相同的测试方法对基体做拉伸测试，得到了竹材基体的应力应变曲线（图 4-21）。

与维管束力学性能相比，基体的测试结果要小得多。对 4 个竹材基体小试样做拉伸测试，发现试样都是在很小的载荷作用下就发生了破坏，基体与含有维管束的竹片拉伸破坏现象明显不同，它们的断面非常平整［图 4-20（b）］。

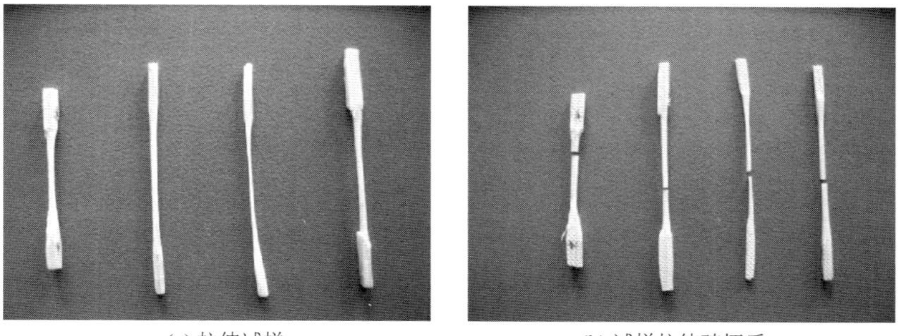

(a) 拉伸试样　　(b) 试样拉伸破坏后

图 4-20　竹材基体拉伸测试

对测试结果进行分析，得到基体的平均拉伸强度和弹性模量分别为 29MPa 和 2.16GPa，最大破坏应变为 1.5%。尚莉莉[50]对采自安徽黄山的 4 岁毛竹材基体做了测试，得到基体的拉伸强度和弹性模量分别为 30MPa 和 1.98GPa，与本书的测试结果非常接近。

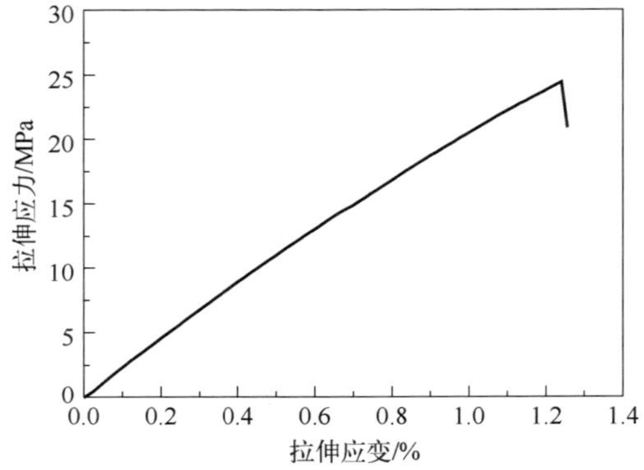

图 4-21　基体拉伸测试应力-应变曲线

竹材节间由维管束和薄壁细胞组织组成，其中，维管束沿竹材纵向通直连续，其强度高、弹性好，是竹材结构中主要的承载单元，基体强度小、弹性低，它在竹材结构中主要起传递载荷的作用。竹材良好的力学性能是维管束机械组织和薄壁组织共同承载的结果。

4.5 小结

① 毛竹维管束体积含量由根部向上逐渐增加，在上部达到最大。毛竹维管束的体积含量在基部节间变化范围为 13%～70%，在中部节间为 22%～71%，上部节间为 20%～80%。毛竹维管束的体积含量沿径向分布规律可用 $v_{\mathrm{f}} = c\overline{r} + d$ 表示。

② 采用碱处理法剥离竹维管束，对不同位置处的竹维管束做拉伸测试，得到了毛竹维管束力学性能沿壁厚的功能梯度分布规律。

a. 基部节间毛竹维管束强度变化范围在 495.2～889.0MPa 之间，中部节间强度变化范围在 498.3～916.2MPa 之间，上部节间强度变化范围在 631.9～884.0MPa 之间。竹维管束的强度沿径向自内向外线性增加，分布规律可用 $\sigma_{\mathrm{f}} = A\overline{r} + B$ 表示。

b. 对不同位置处的维管束做拉伸测试，测得基部节间毛竹维管束弹性模量变化范围在 17.0～29.5GPa 之间，中部节间弹性模量变化范围在 18.7～30.8GPa 之间，上部节间弹性模量变化范围在 21.7～35.9GPa 之间。竹维管束的弹性模量沿径向自内向外线性增加，分布规律可用 $E_{\mathrm{f}} = a\overline{r} + b$ 表示。

③ 竹维管束的断裂特征属于脆性断裂。但靠近竹壁内侧的维管束与外侧维管束表现出不同的破坏形式，靠近内侧维管束断裂面呈现脆断型，而竹壁外侧维管束破坏面则呈现为扫帚型。

④ 在三个高度位置处，沿径向自内向外，毛竹维管束中孔洞面积含量变化规律与多孔相面积含量的变化规律相似，均呈二次抛物线分布。比较各个位置处孔洞面积含量和多孔相面积含量变化情况可以发现，多孔相面积含量一般比孔洞面积含量增加一倍，可知在毛竹维管束中导管、筛管的孔洞面积与薄壁细胞区域的面积相当。

⑤ 维管束中的孔洞面积含量、多孔相面积含量及其沿径向变化对维管束力学性能的变化趋势存在很大影响。

⑥ 基体的平均拉伸强度和弹性模量分别为 29MPa 和 2.16GPa，最大破坏应变为 1.5%。

第5章 竹材薄片与维管束纵向力学性能

竹材良好的力学性能是其细观结构即维管束与薄壁组织共同承载的结果。在对竹材细观结构力学性能研究过程中，普遍采用复合材料混合定律模型对其做预测，通过比较，发现相关测试结果存在很大差别。

本章根据竹材结构特点，结合前文对竹材及其微观组织竹维管束、基体的测试结果，对混合定律的正确性做了验证，结果表明，复合材料混合定律不适合于对竹材结构做力学分析。

通过对试验现象以及试验数据的分析，结合前人工作，采用修正混合定律模型对竹材细观结构做力学分析，发现理论预测结果与试验测试结果吻合很好。在此基础上，建立了竹材结构宏观尺度和细观尺度力学性能间的关系，并对竹材功能梯度力学特性做了表征。

5.1 混合定律模型

在细观尺度，竹材为纤维增强复合材料，由纤维增强相竹维管束和基体薄壁细胞组成。由于竹材细观结构较难测取，目前人们普遍采用等应变混合定律模型对竹材细观结构纵向力学性能做分析，他们通过对宏观竹材薄片的测试，得到了竹材宏观力学参数如弹性模量及强度等，在此基础上，对竹维管束和基体的力学性能做间接推导。但查阅资料发现，不同学者得到的结果不尽相同。

竹材体内维管束和基体的体积含量沿壁厚会发生变化，通常认为，在竹壁外表面即竹青位置处，维管束体积含量为 1，基体体积含量为 0，沿竹壁往内，维管束含量逐渐减小，基体含量逐渐增大，到竹材内表面即竹黄位置处，维管束体积含量减至 0，基体体积含量则增至 1。由此人们推测，竹青位置处竹材弹性模量即为维管束的弹性模量，而在最内表面处竹材的弹性模量为基体的弹性模量。对强度的分析与此类似。

对单向连续纤维增强复合材料来说，混合定律模型（ROM）是最简单也是人们最常用到的力学模型。根据纤维与基体在纤维方向上的等应变假设，Voigt 混合定律给出了复合材料轴向强度和弹性模量计算表达式：

$$\sigma_{\mathrm{c\_VE}} = \sigma_{\mathrm{f}} v_{\mathrm{f}} + \sigma_{\mathrm{m}} v_{\mathrm{m}} \tag{5-1}$$

$$E_{\mathrm{c\_VE}} = E_{\mathrm{f}} v_{\mathrm{f}} + E_{\mathrm{m}} v_{\mathrm{m}} \tag{5-2}$$

式中　$\sigma_{\mathrm{c\_VE}}$，σ_{f}，σ_{m}——分别为复合材料、纤维和基体沿轴向的强度；

$E_{\mathrm{c\_VE}}$，E_{f}，E_{m}——分别为复合材料、纤维和基体沿轴向的弹性模量；

v_{f}，v_{m}——纤维和基体的体积含量，满足 $v_{\mathrm{f}}+v_{\mathrm{m}}=1$。

杨云芳与刘志坤[56]通过对竹材薄片的测试，获得了不同组分含量时竹材的宏观弹性模量和强度值，他们采用混合定律模型求得维管束弹性模量和抗拉强度分别为 27.6GPa 和 547.68MPa，基体的弹性模量和强度分别为 6.06GPa 和 74.60MPa。

Nogata 和 Takahashi 对产自日本的毛竹试样作了测试，采用混合定律计算出维管束弹性模量和强度分别为 55GPa 和 810MPa，基体的弹性模量和强度分别为 2GPa 和 25MPa；Amada 及其合作者对同样产自日本的 2 年竹龄毛竹竹片做了测试，并采用混合定律对维管束和基体的性能做了预测，虽然也得到相同的基体弹性模量（2GPa），但强度却为 50MPa，远大于 Nogata 和 Takahashi 的结果。Zhou 等[57]也采用相同的办法对竹维管束和基体的力学性能做了预测。上述研究都没有直接对竹维管束和基体做测试，所以无法判断预测结果的正确性。

黄盛霞与邵卓平等[53,58]根据毛竹宏观薄片的测试结果并运用混合定律对毛竹维管束的强度和弹性模量做了计算，并将计算结果与维管束拉伸测试结果比较，发现毛竹维管束测试结果（强度：482.2MPa；弹性模量：33.9GPa）比运用混合定律计算出的结果（强度：581.7MPa；弹性模量：40.4GPa）要小，他们认为，毛竹宏观薄片中的竹维管束被基体所包围，基体可以传递载荷，使得维管束中应力均匀分布，而抽取出来的独立维管束则缺少基体的作用，应力分布不均匀，另外，抽取维管束以及测试加载过程中会对维管束造成损害，所有这些原因都会造成维管束的测试值偏低。黄艳辉[27]也对毛竹维管束做了拉伸测试，并采用与邵卓平等相同的混合定律模型计算了竹维管束的强度和弹性模量，同样得到竹维管束测试值比混合定律计算值要低的规律。

表 5-1 给出了上述作者的测试结果。

表 5-1　毛竹材各组分力学参数值

拉伸强度/MPa			弹性模量/GPa			参考文献
竹材整体	竹材维管束	竹材基体	竹材整体	竹材维管束	竹材基体	
22①	810②	25②	15①	55②	2②	Nogata 和 Takahashi[22]
140～230①	610②	50②	11～17①	46②	2②	Amada 等[6]
180～254①	547②	74.6②	10～14①	27.6②	6.06②	杨云芳、刘志坤[56]
153①	461①	—	12.8①	37.7①	—	黄艳辉[27]
	651.5②	16.96②		52.0②	0.87②	
—	482①	—	—	33.9①	—	邵卓平等[58]
—	581.7②	19.0②	—	40.4②	0.22②	

① 测试数据。

② 混合定律计算数据。

5.2 混合定律模型在分析竹材力学性能时的不足

在前面几章中，通过对毛竹材薄片、竹维管束以及基体的测试，已经得到了宏观竹材薄片、细观竹维管束和基体的弹性模量和强度。将本书测试结果与尚莉莉的测试结果做比较，发现两者非常接近（表 5-2），说明本书测试结果合理可信。利用这些已有数据，可以对复合材料混合定律模型是否适合于竹材力学性能的分析做出判断。

表 5-2　毛竹材各组分力学参数测试值

拉伸强度/MPa			弹性模量/GPa			参考文献
竹材整体	竹材维管束	竹材基体	竹材整体	竹材维管束	竹材基体	
—	250～1000	30	—	17～65	1.98	[50]
40～537	495～916	29	2～16.4	17.0～35.9	2.16	[24]

首先，将第 4 章中竹维管束和基体的弹性模量测试值代入混合定律计算公式，对 3 个不同高度位置处竹材结构的弹性模量做计算，并将计算结果与第 2 章竹材宏观结构的弹性模量测试结果做比较。图 5-1 给出了比较结果，可以发现，3 个高度位置处的理论计算值与实际测试结果均存在相当大的差距，采用等应变 ROM 模型得到的计算结果几乎是实测值的 2 倍（图 5-1），这说明在竹材结构力学性能的计算中采用混合定律是不合适的。为了比较，图 5-1 中也给出了等应力情况下

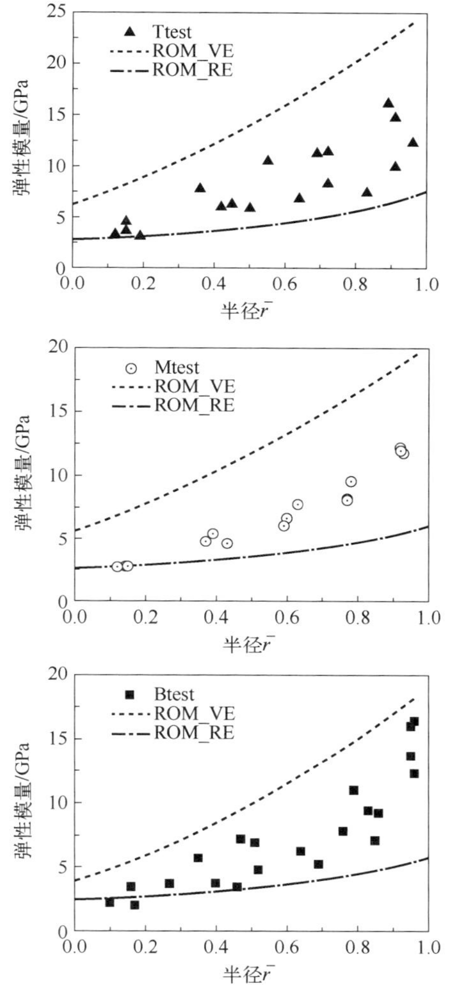

图 5-1 竹材弹性模量测试值与混合定律计算结果比较

注：Btest、Mtest、Ttest 分别为竹片在基部、中部、上部节间的弹性模量测试值，ROM_VE、ROM_RE 分别为相应节间位置处等应变与等应力混合定律得到的计算结果

ROM 模型（Reuss 模型，RE）的预测结果，这时复合材料弹性模量 E_{c_RE} 计算表达式为：

$$\frac{1}{E_{c\_RE}}=\frac{v_f}{E_f}+\frac{v_m}{E_m} \tag{5-3}$$

可以发现，在各节间位置处试验结果位于 Voigt 模型和 Reuss 模型预测结果之间，满足 Hill 给出的弹性模量上下限条件。

其次，将竹片测试所得弹性模量以及维管束测试所得弹性模量代入混合定律计算公式，由此推测基体弹性模量沿壁厚方向的变化规律，结果显示基体弹性模量出现负值，而这显然不合理。张培端利用混合定律模型对竹材基体的抗压强度做了计算，发现有同样的不合理现象出现[59]。

当然，在测试过程中还有可能存在一些影响测试结果的因素，如生物体差异性的影响、在同一节间用 A_f 代替 v_f 等，但这些因素的影响很小，可以忽略，不予考虑。

结合以上数据的比较结果，可以初步得出：复合材料混合定律模型不适合于竹材结构力学性能的计算。

5.3 修正混合定律模型

为了揭示竹材结构宏观尺度和细观尺度力学性能间的关系，我们重新审视了混合定律及其假定，并将其与竹材复合材料结构做了比较。

混合定律推导过程中主要有以下假定：

① 各组分材料都是均匀分布，纤维单向平行等距排列，其性质与直径也是均匀的。可以用纤维面积含量代替体积含量。

② 各组分材料都是连续的，且单向复合材料也是连续的，即认为纤维与基体粘接良好。因此当受力时，在与纤维相同方向上各组分的应变相等。

③ 各相在复合状态下，其性能与未复合前相同。基体和纤维是各向同性的。

④ 加载前复合材料及其各组分无初始应力，加载后纤维与基体间不产生横向应力。

根据上述假设可知，单向复合材料宏观上是均匀的，因此可以从中取出一个简化的代表体元进行研究，所选取的代表体元既要能反映出其细观结构组成，又要能代表其全部特性。对单向复合材料，其代表体元应力应变宏观上均匀分布，在细观尺度，由于各组分材料力学性能不同，所以应力应变分布不均匀。通过对代表体元的受力分析，可以得到复合材料的强度和弹性模量计算公式。式（5-1）、式（5-2）已经给出了在等应变条件下复合材料的轴向强度和弹性模量计算公式。

在竹材结构中，作为增强相的维管束并不能完全满足上述假定。我们知道，生物材料不同于工程材料，工程材料可以加工成性能相同、粗细均匀的标准纤维（如玻璃纤维、碳纤维等），但对于天然纤维增强复合材料，竹材的维管束在生长过程中受生长的影响，其性能、粗细程度均在发生改变。通过前面几章的分析可知，竹材是功能梯度材料，虽然竹维管束沿竹材纵向平行连续排列，但是沿竹材壁厚方向，维管束分布并不均匀，它的分布密度、截面尺寸以及力学性能都在发生着改变。由于竹材细观结构中存在这些变化，使得混合定律基本假设条件得不到满足，因此原有混合定律模型也不再适用，必须对其进行改进，使其能体现出竹材细观结构的梯度变化。

分析认为，竹材薄片的拉伸实际上是偏心拉伸问题。夹持在拉伸试验机上的竹材薄片在拉伸过程中，沿轴向发生等应变伸长，由于薄片中不同厚度位置处的维管束弹性模量不相同，所以各维管束受到的应力也不相同。在等应变情况下，弹性模量较大的维管束必然承受较大的应力，由此造成竹材薄片试样沿厚度方向受力不均匀，从而导致偏心拉伸现象的发生（图 5-2）。

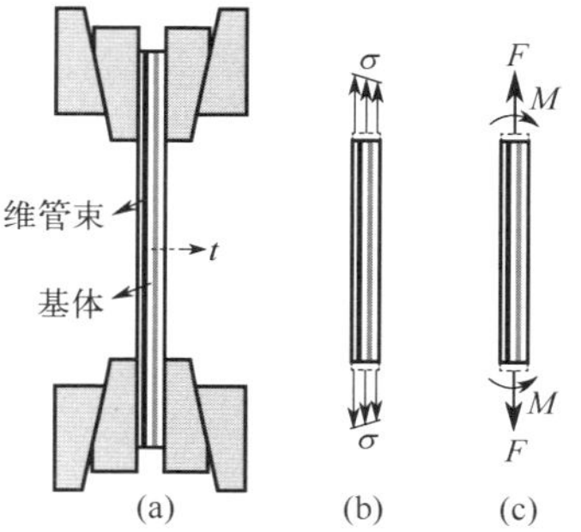

图 5-2　竹材试样拉伸示意图

试验机是通过下述途径对竹样实现偏心拉伸的：拉伸过程中，竹材薄片靠竹青一侧维管束分布密度大，抵抗横向变形能力强，加载时夹头螺纹嵌入试样深度相对较浅，而靠内一侧的维管束分布密度小，基体较多，抵抗横向变形能力弱，夹头螺纹嵌入试样深度相对较深，这种横向效应使得夹头夹持力方向不再与试样形心重合，于是出现了偏心拉伸。

需要说明的是，竹材薄片在偏心拉伸过程中，由于受夹头的约束，竹材及其各组分沿纵向发生的形变只能是等应变伸长，虽然受到杆端弯矩的作用，但试样不会发生弯曲变形。在等应变情况下，由于沿壁厚方向维管束力学性能的差异，将使得竹片中各维管束承受不同的应力。

将偏心拉伸载荷向试样形心做等效处理，将会在试样的端部出现杆端弯矩。为了简化问题，可以将该杆端弯矩沿杆端截面做均布处理，这时试样在杆端位置处受到弯矩的作用。

经典混合定律模型没有考虑端部弯矩的作用，所以不适合于竹材力学性能的分析。苏继龙和周宝锟首先对单向复合材料端部承受弯矩的问题做了分析，提出了一种改进的混合定律模型（简称 MROM 模型），并给出了新的纵向弹性模量计算公式[60]。我们将苏-周 MROM 模型用于竹材弹性模量的分析，得到了竹材弹性模量的计算公式，另外对该模型做了扩展，得到了竹材强度的计算公式。

下面对该模型做介绍。

在竹材薄片中，维管束截面形状沿长度方向不变，可假设为圆形。对竹材薄片建立代表体元，该代表体元为基体和维管束组成的共轴圆柱体（图 5-3），其中，维管束半径为 r，位于代表体元轴心位置，基体外半径为 R，位于体元外侧。维管束与基体间界面为理想粘接。

对长度为 l 的代表体元建立坐标系（图 5-3），z 轴方向为纵轴方向，假设 z-y 平面为纵向对称平面，杆端弯矩 M 作用在纵向对称平面内，这时体元将发生对称平面弯曲变形。

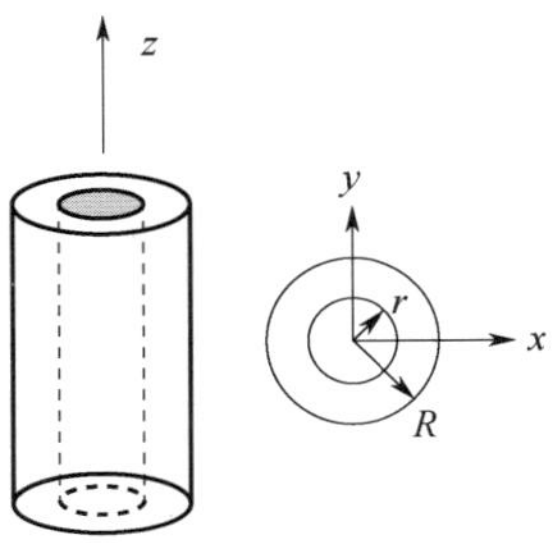

图 5-3　竹材代表体元

5.3.1　竹材复合材料弹性模量计算公式

下面参考苏-周 MROM 模型[60]，利用改进的混合定律模型给出竹材复合材料弹性模量计算公式。

在小变形情况下，竹材复合材料及其各组分将发生曲率相同的弯曲变形：

$$\frac{1}{\rho}=\frac{M}{E_s I_s}=\frac{M_f}{E_f I_f}=\frac{M_m}{E_m I_m} \tag{5-4}$$

式中　ρ——曲率半径；

E_s，E_f，E_m——分别为复合材料、维管束及基体的弹性模量；

M，M_f，M_m——分别为复合材料、维管束及基体承受的弯矩，满足以下关系：

$$M = M_f + M_m \tag{5-5}$$

I_s，I_f，I_m——分别为复合材料、维管束及基体对 y 轴的惯性矩，其中：

$$I_s = \frac{1}{64}\pi R^4 \tag{5-6}$$

$$I_f = \frac{1}{64}\pi r^4 \tag{5-7}$$

它们满足以下关系：

$$I_s = I_f + I_m \tag{5-8}$$

联合式（5-4）、式（5-5）和式（5-8）可得

$$E_s I_s = E_f I_f + E_m (I_s - I_f) \tag{5-9}$$

将式（5-6）、式（5-7）代入式（5-9），有：

$$E_s = E_f \left(\frac{r}{R}\right)^4 + E_m \left[1 - \left(\frac{r}{R}\right)^4\right] \tag{5-10}$$

在代表体元中，维管束和基体的体积含量分别用 v_f、v_m 表示，其中维管束的体积含量定义为：

$$v_f = \frac{\pi r^2 l}{\pi R^2 l} = \frac{r^2}{R^2} \tag{5-11}$$

将式（5-11）代入式（5-10），可以得出竹材复合材料的弹性模量计算公式：

$$E_s = E_f v_f^2 + E_m (1 - v_f^2) \tag{5-12}$$

5.3.2 竹材复合材料强度计算公式

参考上节竹材复合材料弹性模量公式推导过程，也可以推导出竹材复合材料的强度计算公式。

在纵向对称平面内受弯矩 M 作用，复合材料及其各组分将产生弯曲应力。设在 x 轴的某一位置处，竹材复合材料、维管束及基体的强度分别为 σ_s、σ_f、σ_m，它们分别表示为：

$$\sigma_s = \frac{M_s x}{I_s} \tag{5-13}$$

$$\sigma_f = \frac{M_f x}{I_f} \tag{5-14}$$

$$\sigma_m = \frac{M_m x}{I_m} \tag{5-15}$$

式（5-13）～式（5-15）中有相同的 x，从而有：

$$\frac{M_s}{\sigma_s I_s} = \frac{M_f}{\sigma_f I_f} = \frac{M_m}{\sigma_m I_m} = \frac{1}{x} \tag{5-16}$$

联合式（5-4）、式（5-5）和式（5-16）可得：

$$\sigma_s I_s = \sigma_f I_f + \sigma_m (I_s - I_f) \tag{5-17}$$

参考式（5-10）～式（5-12）推导过程，最后求出竹材复合材料强度的计算公式为：

$$\sigma_s = \sigma_f v_f^2 + \sigma_m (1 - v_f^2) \tag{5-18}$$

可见，竹材复合材料的强度计算公式与弹性模量计算公式有类似表达形式，二者均考虑了竹材沿厚度方向材料非均匀性所引起的弯曲效应。

5.3.3 竹材宏观结构弹性模量梯度变化规律

由修正混合定律弹性模量计算公式，可以预测竹材宏观结构的弹性模量。

在 3 个不同高度位置处，分别将测试所得竹维管束和基体的弹性模量、体积含量变化方程（第 4 章）代入修正混合定律计算公式（5-12），对不同高度位置处竹材结构的弹性模量变化规律重新做计算，并与竹材宏观结构竹片的弹性模量测试结果（3.2.2 节）做比较，可以发现在 3 个高度位置处的理论计算值与实际测试结果均吻合很好（图 5-4），这说明采用修正混合定律可以对竹材结构力学性能做出很好的预测。

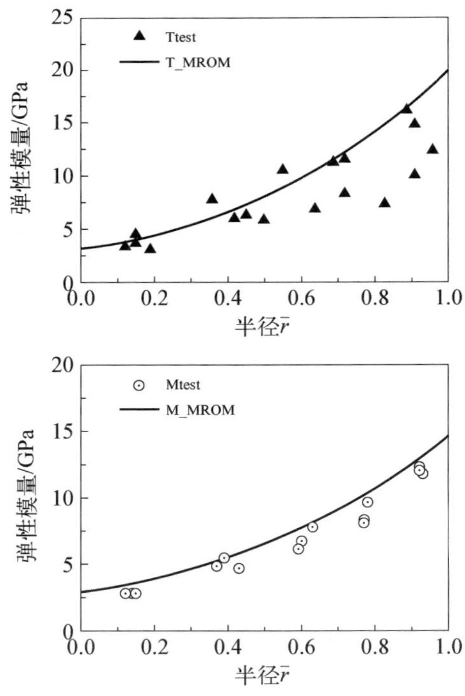

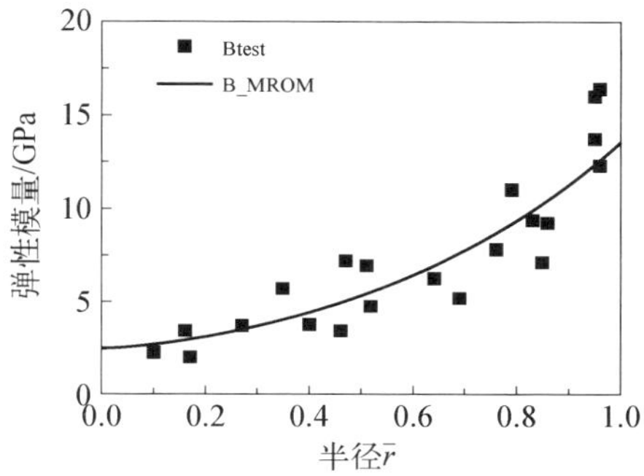

图 5-4 竹材弹性模量测试值与修正混合定律计算结果比较

注：Btest、Mtest、Ttest 分别为竹片在基部、中部、上部节间的弹性模量测试值，B_MROM、M_MROM、T_MROM 分别为基部、中部、上部节间利用修正混合定律得到的弹性模量计算结果

竹材宏观结构的力学性能与各组分力学性能相关。根据第 4 章测试结果知道，沿壁厚方向自内向外，竹维管束的弹性模量［式（4-6）］和体积含量［式（4-1）］都是线性增加，基体弹性模量为常数（E_m=2.16GPa），将式（4-6）、式（4-1）代入式（5-12），得到竹材弹性模量变化规律为：

$$E_s = A\bar{r}^3 + B\bar{r}^2 + C\bar{r} + D \tag{5-19}$$

在不同高度位置处式中系数也不同，它们分别为：

基部：$A=3.4$，$B=5.7$，$C=2.1$，$D=2.4$；

中部：$A=2.1$，$B=5.9$，$C=3.8$，$D=2.9$；

上部：$A=3.6$，$B=8.0$，$C=5.0$，$D=3.2$。

Nogata 和 Takahashi[22]对采自日本的毛竹小试样做了拉伸测试，他们给出的竹材弹性模量变化规律呈指数形式分布。

基部（高度 1m 处）：$E_B=2.5e^{2.2\bar{r}}$

中部（高度 5m 处）：$E_B=3.75e^{2.2\bar{r}}$

比较不同位置处竹材弹性模量变化规律发现，沿高度方向自基部节间至上部节间，竹材弹性模量逐渐增加（图 5-5），与 Nogata 和 Takahashi 给出的规律相比，笔者所得竹材弹性模量结果偏小，至上部节间（8m）才与 Nogata 和 Takahashi 在 1m 处变化规律接近。这些差别可能是由采集地、生长环境、竹龄等因素造成的（Nogata 和 Takahashi 所测试毛竹没给出竹龄；笔者所测试样取自浙江省安吉，竹龄 4 年）。

5.3.4 竹材宏观结构强度梯度变化规律

由修正混合定律强度计算公式（5-18），可以对竹材宏观结构的强度做出预测。

在相同的加载速度下对竹材薄片、竹维管束以及基体做拉伸测试，比较三者破坏时的最大形变发现，毛竹维管束在 3 个高度位置处的平均破坏应变范围在

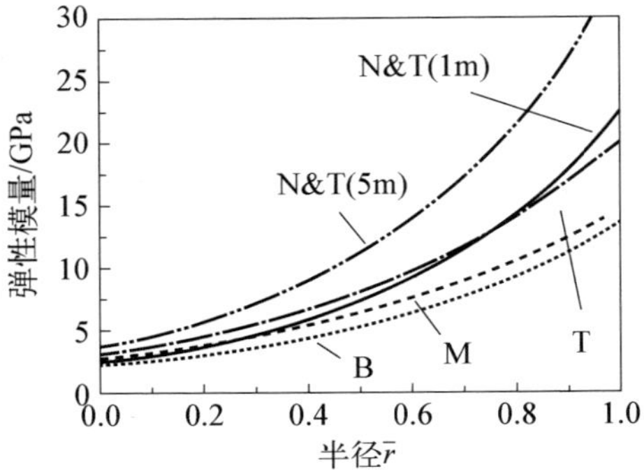

图 5-5 竹材整体弹性模量变化规律的比较

注：N&T 为 Nogata 和 Takahashi 测试结果，B、M、T 分别表示竹片在基部、中部、上部节间的弹性模量变化规律

3.7%～3.89%之间，基体的最大破坏应变为 1.5%，竹材薄片的破坏应变居维管束和基体之间，可知竹材的抗拉强度是由基体的变形达到最大极限决定的。

结合式（5-18），对发生 1.5%应变时的竹材强度做预测，并将预测结果与发生 1.5%形变时的竹材薄片强度测试结果做比较。图 5-6 分别给出了 3 个高度位置处的比较结果，可以发现，修正混合定律强度计算结果较经典混合定律强度计算结果更接近于实际测试结果，同时发现，修正混合定律所预测值比竹材薄片强度测试结果略微偏大，这是由于竹片在拉伸过程中极易从靠近夹头位置处发生破坏，而且竹片拉伸破坏形式一般不是断裂，更多的是发生劈裂。试样发生劈裂与维管

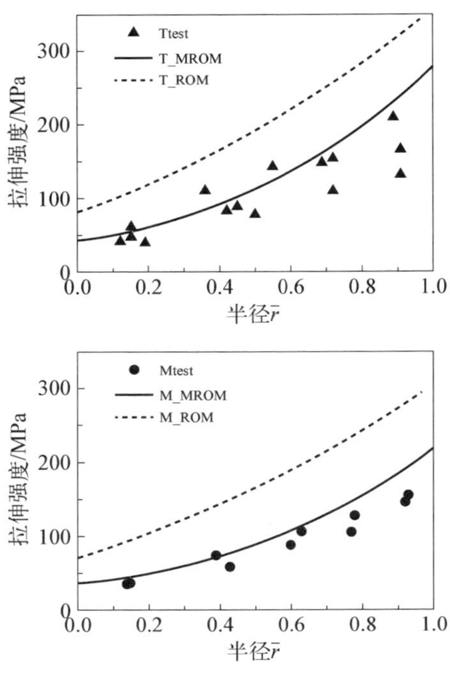

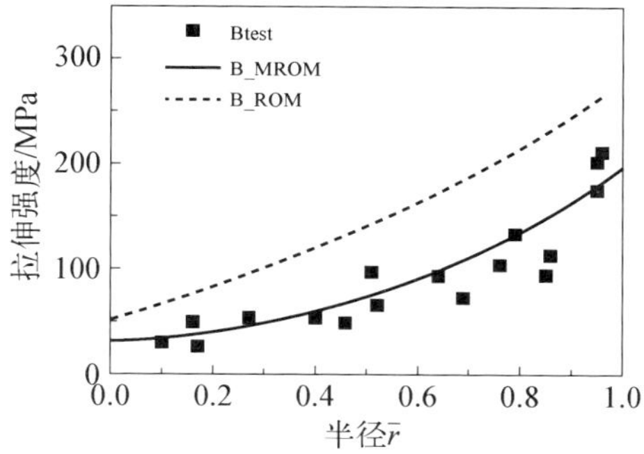

图 5-6　竹材强度测试值与修正混合定律计算结果比较

注：Btest、Mtest、Ttest 分别为竹片在基部、中部、上部节间的强度测试值，MROM 为修正混合定律预测结果，ROM 为混合定律预测结果

束分布密度有关，一般越接近竹壁外侧，维管束分布密度越高，试样也就越容易发生劈裂。

5.4 小结

① 针对竹维管束和基体的测试结果，采用混合定律模型对竹材宏观结构力学性能做预测，并将预测结果和竹片测试结果做比较，发现复合材料混合定律模型不适合于竹材结构力学性能的计算。

② 传统混合定律模型无法体现出竹材细观结构的梯度变化。竹材是功能梯度材料，竹维管束沿竹材壁厚方向分布不均匀，它的分布密度、截面尺寸以及力学性能沿壁厚方向都在发生着改变，传统混合定律基本假设条件得不到满足，因此原有混合定律模型也不再适用。

③ 考虑竹材细观结构的梯度变化，结合前人工作，采用修正混合定律模型对竹材宏观、细观结构作力学分析，发现理论预测结果与试验测试结果吻合很好。该模型分别给出了复合材料弹性模量和强度计算公式。

复合材料弹性模量计算公式为：

$$E_s = E_f v_f^2 + E_m(1 - v_f^2)$$

复合材料强度计算公式为：

$$\sigma_s = \sigma_f v_f^2 + \sigma_m(1 - v_f^2)$$

④ 采用修正混合定律可以对竹材结构力学性能做出很好的预测，通过计算，得出毛竹宏观结构弹性模量和强度沿竹材壁厚的分布规律均呈三次抛物线形式。

第 6 章 竹材微观尺度力学性能试验

从植物体内提取的植物纤维被广泛应用于纺织、建筑、制浆造纸等诸多领域。由于植物纤维具有可生物降解、可再生、高长径比、轻质、低密度等生物特性，近二十年来它也得到了复合材料研究人员的重视，被用于制备天然纤维增强复合材料。作为复合材料和纳米材料的增强相，植物纤维本身的力学性能和变异程度必然会影响这些产品的最终性能，因此，必须了解和掌握植物纤维的力学性能，才能优化纤维原料的选择、设计开发出高性能产品、促进生产工艺不断更新。由于竹材的生长迅速、产量丰富，且竹纤维具有较高的强度，使得竹纤维在众多植物纤维中脱颖而出。竹单纤维属于竹材中的微观尺度，是竹材的基本承载单元，因此，测取毛竹单纤维的力学性能，及其在茎秆不同位置处的变化，可以加强对竹材强韧高弹力学性能的深入了解。

本章通过对竹材不同部位处的单纤维进行拉伸测试，获得毛竹单纤维的力学性能，同时分析了不同部位单纤维力学性能的差异。获得的毛竹纤维的力学性能数据，可为竹纤维增强复合材料研究提供坚实的基础，还有利于揭示竹材优良力学特性的结构特征，为竹材的开发和竹材宏微观结构联系提供理论基础。

6.1 竹材单纤维拉伸试验方案的制定

单根纤维拉伸技术是得到纤维细胞纵向力学性质的最直接测试手段。它是对化学或机械离析的单纤维直接进行轴向拉伸的技术，可以得到细胞壁的纵向弹性模量、抗拉强度、硬度等重要指标。

木材和竹材都是植物纤维的重要来源，国外对木纤维的力学性能研究较早也较多。二十世纪六七十年代，研究者为了得到高性能的纸张，对纸浆纤维的各项力学性能进行了较为详细的研究。1967 年，Mark 在其博士论文的基础上，总结了其他学者的研究成果，出版了 *Cell Wall Mechanics of Tracheids*（《管胞细胞壁力学》）一书，标志着管胞（纤维）细胞壁力学初步形成了一个较为完整的研究体系。随后，木材科学领域的研究者为了高效地选择利用木材、探寻树木以及细胞壁的生物形成机制，对纤维细胞的力学性质进行了系统的研究。例如，Groom 等以落叶松纤维为研究对象，指出晚材纤维的力学性能高，其弹性模量和抗拉强度分别为 6.55～27.5GPa 和 410～1422MPa，而早材纤维分别为 14.8GPa 和 604MPa，分析了微纤丝角对单纤维力学性质的影响，并归纳整理出立木不同位置处单纤维的力学性质分布图。Burgert 等在一系列研究中指出，化学离析的云杉管胞力学性能比机械分离的弱，得到机械分离管胞的最大弹性模量为 22.6GPa，最大抗拉强度为 1186MPa，并计算得出单纤维扭转角和 S2 层微纤丝角之间的换算模型，指出扭转角随微纤丝角的变化曲线为倒抛物线，当微纤丝角等于 45°时，扭转程度最大。

竹材和木材纤维都是天然的植物纤维，其尺寸非常微小：针叶材管胞直径多数在 30～48μm 之间，长度多为 3～5mm；阔叶材木纤维直径多数在 20μm 左右，长度多为 0.5～2mm；竹纤维直径多数在 20μm 以下，长度多为 2mm 左右。对于这样微小的试样，用常规方法直接测量单纤维细胞的力学性能十分困难，因此探索可靠的测试方法一直是细胞壁力学的研究重点之一。通常使用的有直接测定和间接测定两种方法。直接测定法直接测量离析后的单根管胞的力学性能；间接测定法测量的对象则是一小簇管胞。显而易见，前者得到的结果较为可靠，但操作起来较为困难；后者虽然较容易测量，但试样制作比较困难，并且所得数据的可靠性有待探讨。目前测量单根纤维力学性质一般采用直接测定法。

由于植物纤维尺寸微小，在拉伸过程中应尽量避免试验夹头对纤维的夹持损伤。对植物纤维的夹持方式主要有机械夹紧和胶粘两种方法。机械夹紧需要采用特制夹具，但这种方法可能导致纤维在加载过程中发生打滑，也容易造成夹持处纤维不同程度的压溃和破碎，导致纤维提前失效，使得拉伸测试结果偏小。胶粘方式因其较高的可靠性，逐渐取代了机械夹紧方式。需要指出的是，胶粘方式并不是直接把单纤维粘到加载装置上，而是先粘到稍硬纸板、硝酸纤维素、塑料或金属箔上，然后再进行加载。

对纤维两端进行胶粘的具体方法是：在纤维端部附近缠裹环氧树脂胶丝，待树脂固化形成微小球形胶滴后，进一步缠裹胶丝，使胶滴扩大至合适直径大小。待胶滴完全固化后，可以采用球槽型夹紧系统来实现对纤维的夹持（图 6-1）。这种方法不仅显著降低了纤维在夹紧处断裂概率，而且获得的纤维力学强度值明显大于其他方法得到的数值，具有较高的可靠性。

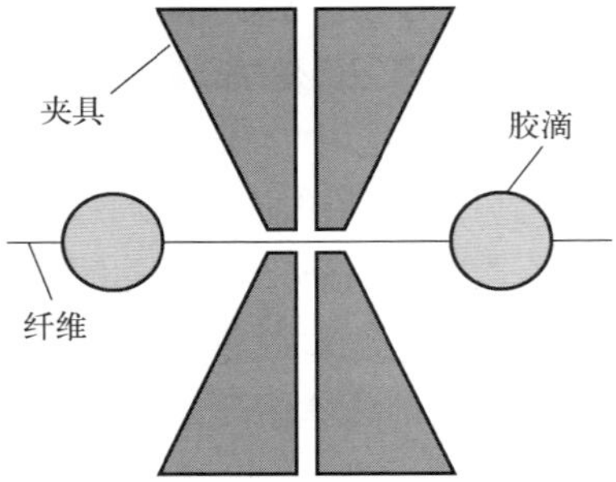

图 6-1　球槽型夹紧系统

对竹材单纤维力学性能的系统报道最先来自国际竹藤中心课题组。2008 年，他们研发出第一代植物短纤维拉伸仪。之后，他们将植物短纤维拉伸仪的夹持和录像系统与 Instron 微型力学试验机进行集成，利用该高精度植物短纤维拉伸仪对不同竹龄单纤维的纵向力学性能开展了系统研究，相关工作为竹材单纤维力学性能的测定奠定了试验基础。

笔者单位于 2017 年购置了该设备，利用该设备，笔者对包括竹纤维在内的植物单纤维开展了力学测试。本章对竹材单纤维拉伸力学性能的测试方法参考了国际竹藤中心课题组的相关工作。

6.2 竹材单纤维试样的分离

单纤维的制备分为化学方法、物理方法和化学物理相结合方法。化学方法是利用化学制剂氧化木质素分离得到单纤维的方法，一般采用过氧化氢或亚氯酸盐和冰醋酸混合制备离析液，软化分离后得到单纤维。该方法被众多研究者使用，其特点是方法简单、制备快速、单纤维分离彻底。物理方法又称机械方法，Burgert 等使用超精细的镊子在显微镜下机械剥离得到单根云杉纤维，该法避免了化学试剂造成的细胞壁化学成分的变化，测得的单纤维强度大，更适合微拉伸力学测试，但该法较难掌握。

本章采用离析法提取竹材单纤维（图 6-2）。将拉伸测试后的维管束试样按照部位不同，分别放入装有离析液（30%过氧化氢∶冰醋酸=1∶1）的不同试管中，用保鲜膜封闭试管口，防止离析液的挥发。随后置于烘干箱中，设置温度 60℃，时间 24h。离析完成后，用镊子将纤维从试管中取出并用蒸馏水清洗，直至纤维呈中性。最后将纤维放入 75%的酒精中脱水保存，并做好标记。

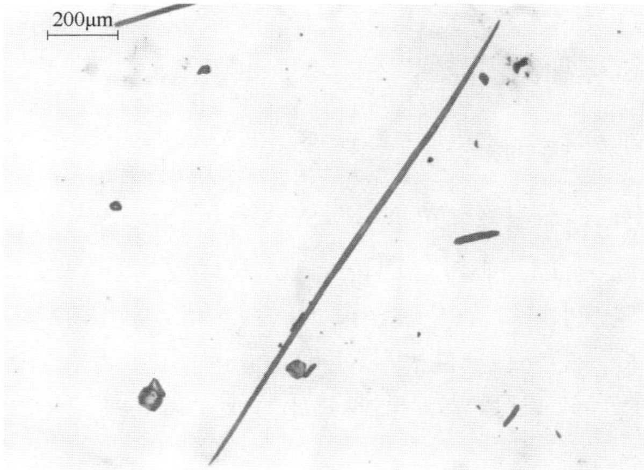

图 6-2　离析法提取的竹纤维

6.3 竹材单纤维拉伸测试

试验仪器为 JSF08 高精度短纤维力学性能测试仪（上海中晨数字技术设备有限公司）（图 6-3）。参考植物短纤维力学测试方法，对竹材单纤维实施力学测试。单纤维两端粘有球形胶滴，卡具采用球槽型夹紧系统。

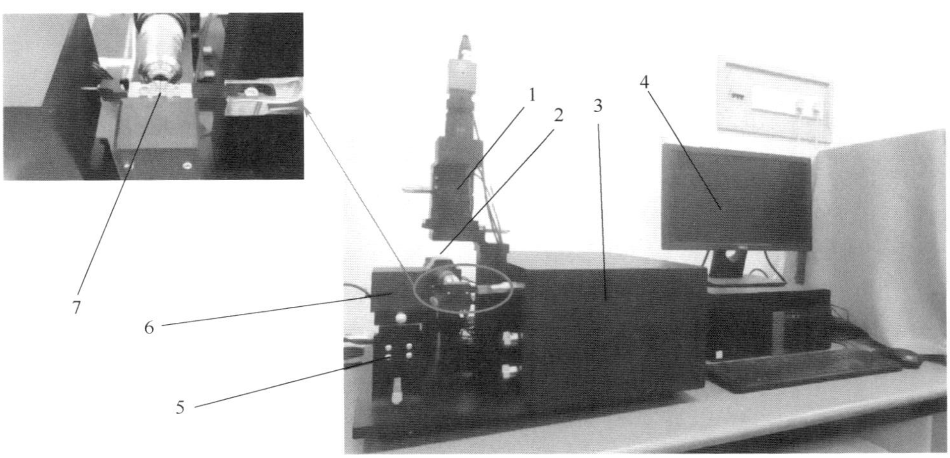

图 6-3　JSF08 高精度短纤维力学性能测试仪

1—垂直数字显微成像系统；2—水平数字显微成像系统；3—控制箱；4—显示器；5—手动调整平台；6—载荷传感器；7—植物短纤维夹紧系统

6.3.1 单纤维试样制备

将离析后的纤维放在载玻片上，在体视显微镜下，用精细镊子分离出单纤维，并夹住纤维一端将其固定在粘有双面胶、长槽宽度为 2mm 的有机塑料板上（图 6-4）。利用专用镊子将纤维两端滴上环氧树脂胶滴（试验选用环氧树脂 AB 胶，标准比例 1∶5）。因为竹纤维比较短小，长度仅为 1～2mm，故粘胶过程中要适当注意控制胶滴大小，以免胶滴过大，减小纤维试样的拉伸长度，最终影响短小试样的夹持。另外也要注意胶滴不能过小，过小将会影响胶滴在 V 形卡槽上的夹持效果，导致试验失败。粘胶完成后放置在室温下 24 小时以上，使胶滴完全固化。

图 6-4 竹材单纤维试样

6.3.2 单纤维试样横截面面积测量

利用高精度短纤维力学性能测试仪自带显微镜测量计算单纤维横截面面积。具体步骤如下：

① 将完成垂直取向调节后的单纤维正视图进行保存。

② 根据水平成像系统的放大倍数，来选择相应的测量标尺进行直径测量，测量标尺的规格如图 6-5 所示。本试验选用 0.75×的标尺。

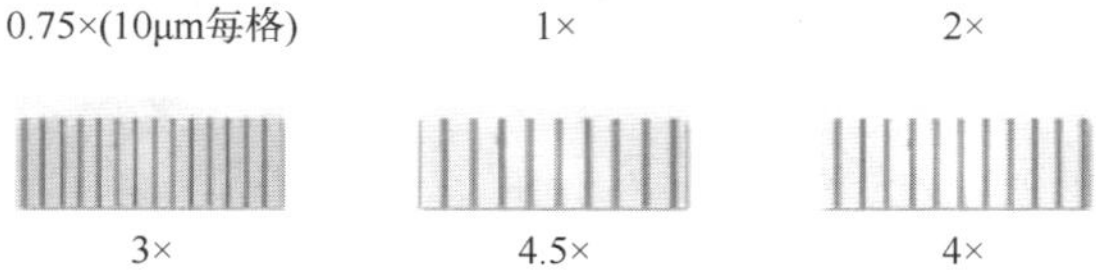

图 6-5 直径测量的不同放大倍数的测量标尺

③ 点击系统控制页面（图 6-6）的图像测量按钮，在弹出的页面上方插入 0.75×的标尺参照图，页面下方插入已保存的单纤维正视图，如图 6-7 所示。在标尺参照图中选择标线上的一个点，将其横坐标记为 M，再选择距离此点 20 格的同一纵坐标的一个点，其横坐标记为 N，标尺中每格为 10μm，20 格的长度为 0.2mm，利用 $0.2/(N-M)$计算得到该标尺下的放大倍数。

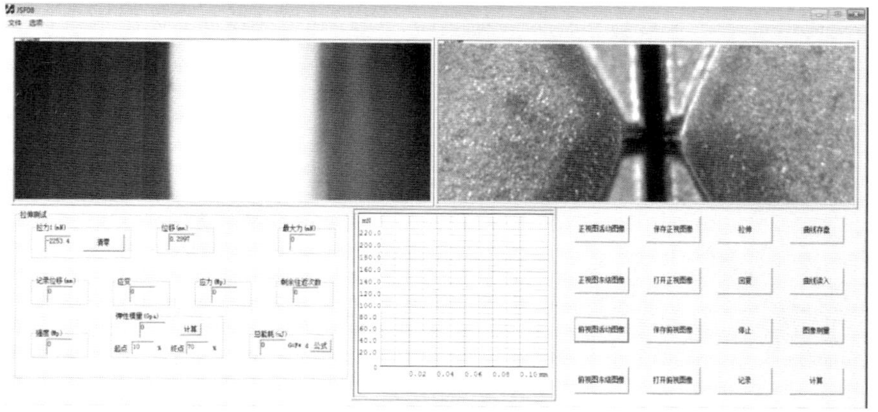

图 6-6　系统控制页面

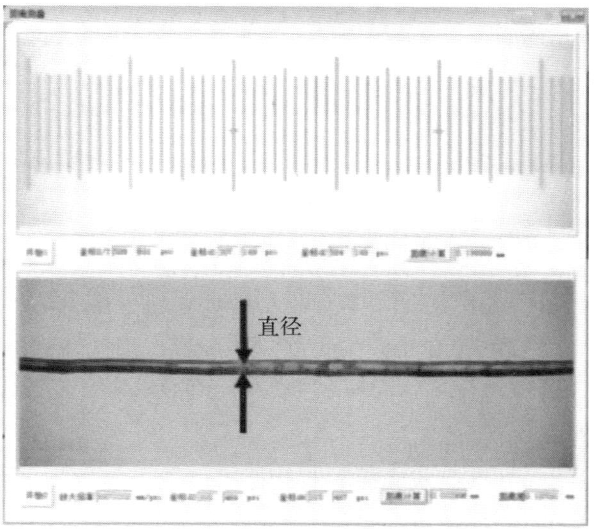

图 6-7　0.75×标尺下单纤维直径的测量

④ 在直径测量页面下方输入放大倍数，然后在单纤维正视图上选择同一竖直方向上的两点，点击计算便可得到这两点间的纤维直径。单纤维的横截面可以近似为圆形，通过圆面积公式计算得到竹纤维的横截面面积。

6.3.3 拉伸力学测试

竹材单纤维拉伸试验步骤如下。

① 将制备好的单纤维试样小心地放置到夹具 V 形卡槽中间，设置好图像采集倍率，调整焦距使竹纤维图像清晰地显示在计算机屏幕上。

② 利用水平和垂直数字显微成像系统，观察纤维的位置，使用测试仪的三向微调系统调整纤维左右两端使其在高度上保持一致，纤维轴向与拉伸方向保持一致，如图 6-8 所示。

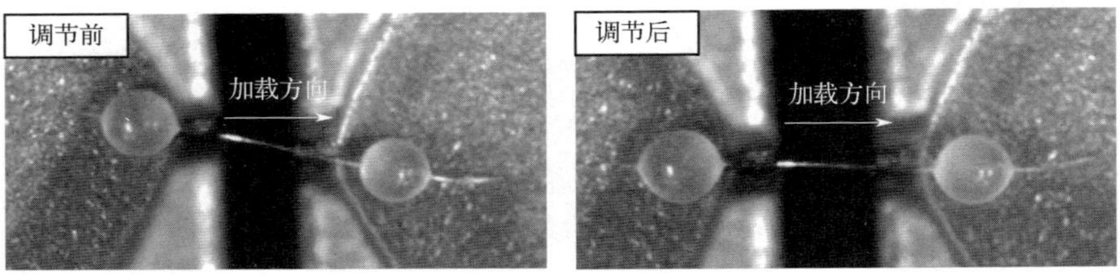

(a) 水平调节

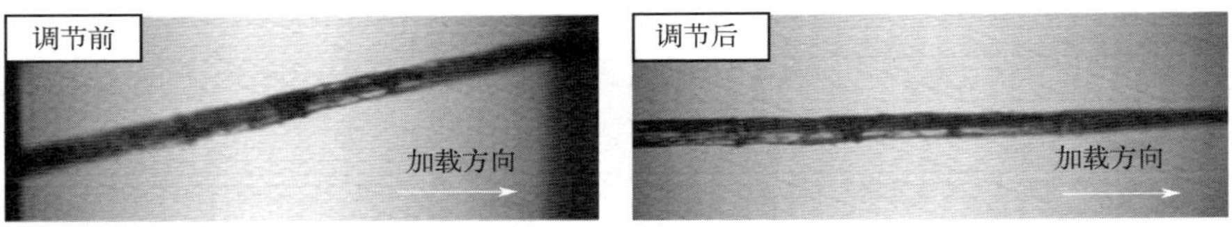

(b) 垂直调节

图 6-8　纤维取向调节

③ 手动拉伸纤维使其预张紧，并拍摄纤维的正视图和俯视图，进行面积测量和初始长度测量。值得说明的是，本实验利用计算机屏幕上的单根纤维图像测定其直径，因为成熟毛竹单纤维的横截面近似为圆形，由拉伸仪测量纤维直径，再通过圆的面积公式计算得到毛竹单纤维的横截面面积。初始长度测量通过俯视图，计算两胶滴间的距离可得到纤维初始长度。

④ 将计算得到的纤维横截面面积和初始长度输入到控制页面的拉伸参数中，设置拉伸速度为 0.0065mm/s，进行拉伸测试，仪器会记录拉伸过程中的载荷位移曲线。

⑤ 拉伸完成后，将载荷位移曲线转变成应力应变曲线，如图 6-9 所示，参考式（4-2）～式（4-4）分别计算毛竹单纤维的弹性模量、抗拉强度和断裂应变等力学指标。

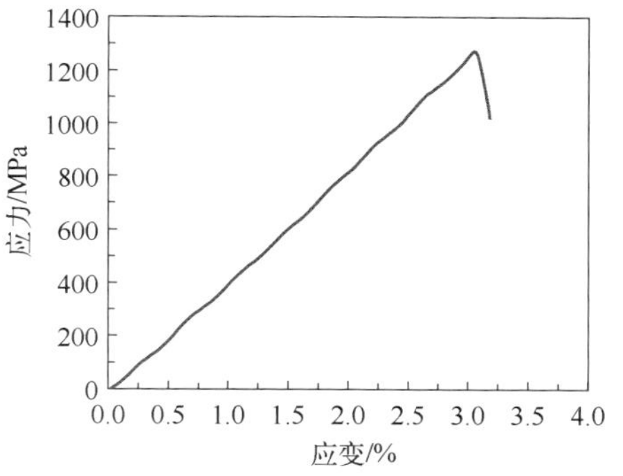

图 6-9 竹纤维应力-应变曲线

6.4 结果与讨论

通过拉伸测试，得到毛竹单纤维的力学性能如表 6-1 所示[61]。单纤维的平均跨距为 1.05mm，变异系数较小为 8.57%，说明在粘胶过程中纤维跨距分布较为集中，可以有效减小试验误差。单纤维平均断裂载荷为 153.21mN，而变异系数较大，达到 21.75%。这与纤维横截面面积的变化有关，纤维的横截面面积最大为 179.26μm^2，最小值只有 87.72μm^2。单纤维的抗拉强度变化范围为 909.07～2115.49MPa，平均抗拉强度为 1267.37MPa；单纤维弹性模量的变化范围为 23.74～53.49GPa，平均弹性模量为 34.10GPa；断裂时平均应变达到 5.21%。

表 6-1 毛竹单纤维拉伸测试结果

项目	横截面面积/μm^2	跨距/mm	断裂载荷/mN	抗拉强度/MPa	弹性模量/GPa	断裂应变/%
最大值	179.26	1.28	283.55	2115.49	53.49	6.98
最小值	87.72	0.82	101.53	909.07	23.74	3.39
平均值	121.51	1.05	153.21	1267.37	34.10	5.21
标准差	19.88	0.09	33.32	217.45	6.70	0.98
变异系数	16.36%	8.57%	21.75%	17.16%	19.65%	18.81%

6.4.1 断裂载荷

断裂载荷是指断裂时所受到的载荷，毛竹单纤维的应力-应变曲线如图 6-9 所示，可以看出单纤维属于脆性断裂。由表 6-2 给出了不同部位处毛竹单纤维的力学测试结果：基部外侧和内侧单纤维的平均断裂载荷分别为 171.21mN、133.85mN，中部外侧和内侧单纤维的平均断裂载荷分别为 164.89mN、147.64mN，上部外侧和内侧单纤维的平均断裂载荷分别为 154.44mN、147.25mN。各个部位处纤维的平均断裂载荷相差不大，但由于靠近竹壁内侧单纤维的平均横截面面积相对较小，造成内侧纤维的断裂载荷比外侧略小。在被测的毛竹单纤维中，最大断裂载荷为 283.55mN，而最小断裂载荷仅为 101.53mN 左右，占最大断裂载荷的 35.8%。

表 6-2　不同部位处毛竹单纤维的力学性能

部位		横截面面积 /μm^2	跨距/mm	断裂载荷 /mN	抗拉强度 /MPa	弹性模量 /GPa	断裂应变 /%
基部	外侧	136.91	1.05	171.21	1276.41	35.39	4.58
	内侧	110.18	1.03	133.85	1215.96	34.36	4.92
中部	外侧	124.23	1.03	164.89	1340.80	34.26	5.57
	内侧	110.44	1.05	147.64	1320.31	34.67	5.53
上部	外侧	128.13	1.03	154.44	1211.72	32.17	5.26
	内侧	119.19	1.09	147.25	1239.01	33.72	5.28

6.4.2　抗拉强度

抗拉强度反映了材料抵抗破坏的能力。毛竹纤维的抗拉强度用于衡量单位面积上毛竹纤维细胞壁所能承载的载荷的大小。由图 6-10 可知，在各个部位处毛竹单纤维的平均抗拉强度变化不大，竹材中部单纤维的抗拉强度略大于基部和上部，而在同一节间竹壁内外侧处单纤维的强度差异不明显。

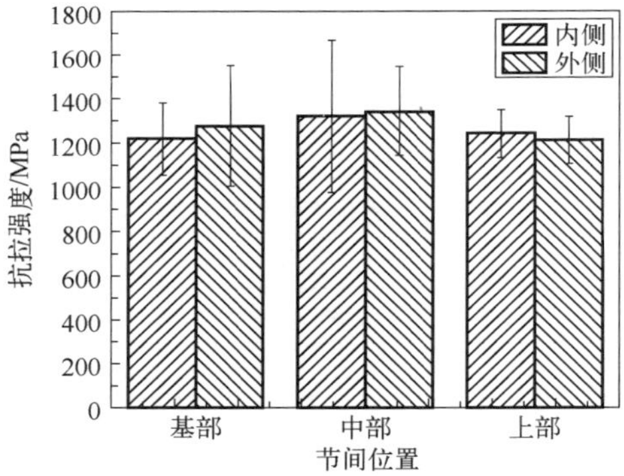

图 6-10　不同位置单纤维的抗拉强度

竹材的抗拉强度很大程度上与竹维管束的强度有关，而竹维管束中单纤维又是承载单元，所以竹材的抗拉强度与单纤维性能密不可分。对毛竹宏观力学性能的研究表明，竹材力学性能沿径向呈梯度变化，在竹壁外侧表现出更高的强度，沿纵向自底向上竹材的强度逐渐增大。对竹维管束的拉伸测试表明，维管束沿径向自内向外呈现指数形式的梯度增大趋势，沿纵向自底向上也呈现逐渐增大的趋势。然而，本章对微观单纤维的研究结果显示，单纤维强度并没有随着部位变化而有显著差异，单纤维只为竹材提供了强度支撑，而竹材宏观力学性能随不同部位的梯度变化与纤维分布密度等其他诸多因素有关。

6.4.3 弹性模量

弹性模量是衡量物体抵抗弹性变形能力大小的重要参数。本章选择拉伸时应力-应变曲线初始形变内的直线段进行计算。拉伸测试结果如图 6-11 所示，在各部位处，毛竹单纤维的弹性模量无明显的变化趋势。

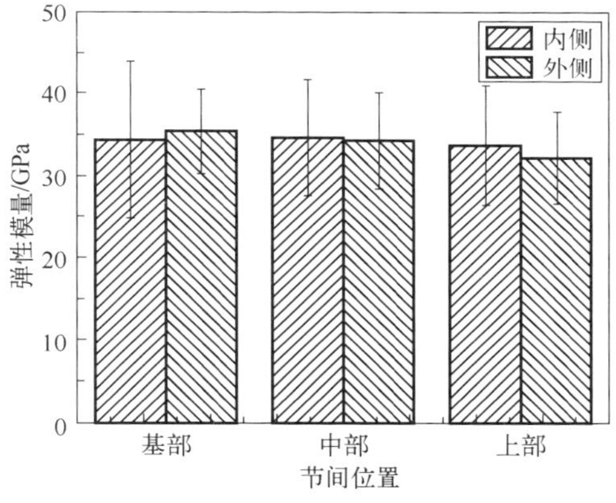

图 6-11　不同位置单纤维的弹性模量

在不同高度位置处，宏观竹材弹性模量从基部向上部逐渐增大，这与纤维分布密度增大有关。与此相反，基部单纤维的刚度比上部略高。在中部和上部节间，内侧单纤维的弹性模量略大于外侧，基部却相反，这可能由试验误差所引起。由表 6-1 可知，毛竹单纤维的弹性模量具有较大的变异性，毛竹纤维弹性模量大的变异系数与纤维本身、纤维的制备方法、测试跨距等因素有关。毛竹本身是生物质材料，单纤维本身就存在着差异，单纤维横截面面积的变异系数达到了 16.36%；化学离析时，由于不同位置处单纤维的化学成分和构造不同，化学溶液对单纤维的影响也不同；除此之外，人为因素造成的跨距不同也不可避免。由 Weibull 分布理论可知，单纤维的跨距越大，两胶滴间的纤维上的缺陷就越多，从而造成对试验结果的影响。

6.4.4 断裂应变

纤维拉伸至断裂时的应变称为断裂应变。不同位置处毛竹单纤维的平均断裂应变相对集中，在 4.58%～5.67%之间。如表 6-3 所示，中部单纤维的断裂应变大于上部纤维，而基部纤维断裂应变最小。上部节间内外侧单纤维的断裂应变都比较接近平均断裂应变 5.21%，且变异系数较小，说明上部纤维发育完全，性能较为稳定。总的来说，无论是径向位置还是高度位置，对单纤维平均断裂应变的影响并不大。但毛竹单纤维断裂应变的变异系数达到 18.81%，而竹壁内外侧纤维的断裂应变均值并无明显差别。断裂应变的变异性受试样本身和测试跨距的影响较大，如纤维细胞壁上的缺陷数量和位置的影响，两胶滴间距离越大，缺陷数量就越多，造成破坏应变就越小，天然纤维本身的结构缺陷和不可避免的试验误差导致破坏应变的变异性较大。

表 6-3　单纤维的拉伸断裂应变　　单位：%

项目	基部		中部		上部	
	外侧	内侧	外侧	内侧	外侧	内侧
最大值	6.86	6.55	6.61	6.96	6.23	6.62
最小值	3.75	3.07	3.63	4.06	4.35	3.92
平均值	4.58	4.92	5.67	5.53	5.26	5.28
标准差	0.91	1.15	0.89	1.14	0.60	0.82
变异系数	19.95	23.52	15.67	20.63	11.49	15.50

6.5 小结

本章通过对竹材不同部位的毛竹单纤维做拉伸测试，得到以下结论。

① 通过拉伸测试得到毛竹单纤维的抗拉强度变化范围为 909.07～2115.49MPa，平均抗拉强度为 1267.37MPa；单纤维弹性模量的变化范围为 23.74～53.49GPa，平均弹性模量为 34.10GPa；断裂时平均应变达到 5.21%。

② 毛竹单纤维最大断裂载荷为 283.55mN，而最小断裂载荷仅为 101.53mN 左右，各位置处单纤维的平均断裂载荷差别不大。

③ 在各个部位处毛竹单纤维的平均抗拉强度变化不大，竹材中部单纤维的抗拉强度略大于基部和上部，而在同一节间竹壁中单纤维的强度无差异。在相同节间内，竹纤维的弹性模量沿径向无明显变化，基部节间纤维的弹性模量比上部略大。不同位置处毛竹单纤维的平均断裂应变相对集中，在 4.58%～5.67%之间。

第7章 竹纤维与竹维管束纵向力学性能

生物复合材料由一个个基本结构单元组成，基本结构的组成特点及力学特性决定了宏观生物复合材料的力学行为，对生物复合材料基本结构单元的研究至关重要。

竹材结构是典型的多级结构。微观尺度下，竹维管束鞘由竹纤维和基体组成。竹维管束优异的力学性能与竹纤维的性能密不可分，虽然目前已经对竹维管束和竹纤维作了一些力学测试工作，但二者间的关系尚待深入研究。

在维管束中，基体与竹纤维之间的应力传递现象对分析竹材在微观尺度下的力学行为起着重要的作用。为了建立竹纤维与竹维管束间的力学关系，针对维管束中纤维的排布方式，结合纤维的几何特征，本章基于笔者前期工作[62]，提出了改进的剪滞模型[39]，对维管束代表体元在轴向载荷作用下的一般情况做了研究，推导出了纤维轴向应力以及纤维/基体界面位置处剪应力的计算公式，并讨论了竹纤维几何参数对纤维应力分布的影响，在此基础上对竹维管束鞘的弹性模量做了计算，并与实际测试值做了比较。

7.1 竹维管束及竹纤维的测试

7.1.1 竹纤维几何形态

竹维管束结构包括纤维束鞘、初生韧皮部、后生木质部导管以及薄壁细胞等，其中，纤维束鞘由大量壁极厚、腔极小的纤维细胞组成，它们聚集成束，包围在韧皮部和木质部外围，对维管束起支撑保护作用。初生韧皮部有一定密度，后生木质部导管中空，无密度，一般将初生韧皮部和后生木质部导管在维管束中视为孔隙部，它们对维管束强度无贡献。薄壁细胞为多孔材料。Fuentes 等[63]给出了竹维管束在不同尺度下的结构示意图（图 7-1）。

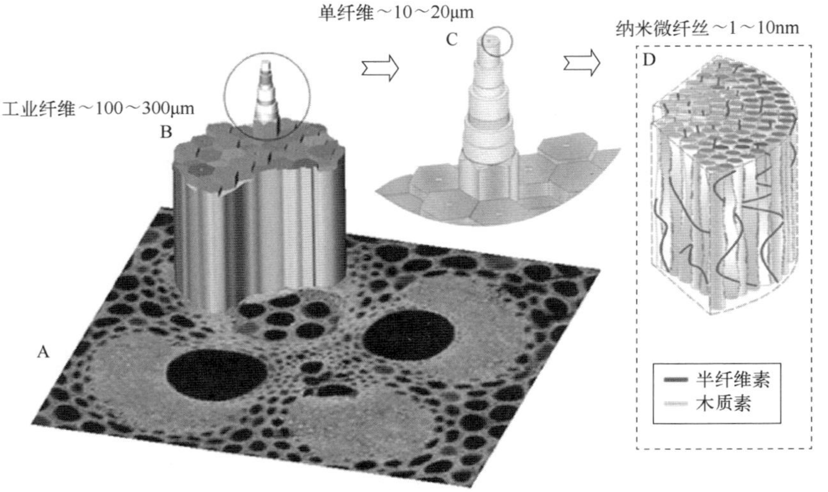

图 7-1　竹纤维结构示意图[63]

（A）竹维管束横截面形貌；（B）纤维股中的纤维，纤维多为五边形或六边形，整体呈蜂窝状；（C）纤维为空心多层复合圆柱体；（D）纤维各组分，包括增强相（纤维素微纤丝）、基体相（半纤维素与木质素）

竹材纤维一般极为细长，其长细比很大，且两端尖锐，Liese 甚至观察到纤维在端部会出现分叉现象，相邻纤维互相穿插，沿纵向交错排列。竹纤维相靠紧密，粗细不一，截面多呈六边形，有助于它们更为紧密地靠在一起（图 7-2）。竹材节间纤维胞径较小，靠竹壁外侧纤维直径约为 10μm，竹壁中间纤维直径约为外侧直径的 2～3 倍。

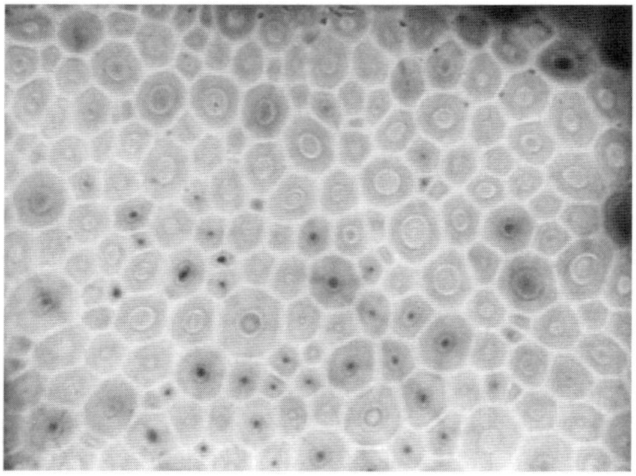

(a) 竹壁外侧

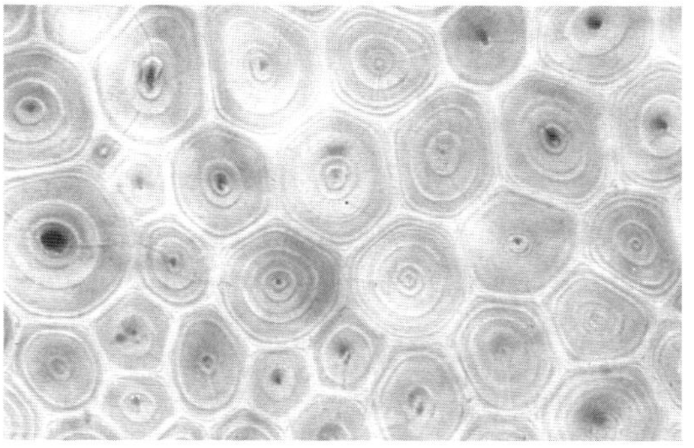

(b) 竹壁中间

图 7-2　竹纤维横截面形状

结合纤维轴向和横向形态可知，竹纤维沿轴向近似为六棱柱形，在其两端则呈楔形或棱锥形。沿纵向，相邻纤维互相搭接在一起，加之纤维长短不一，故竹纤维在维管束中实际排列方式为沿纵向错列排布的六棱柱结构。

7.1.2　胞间层厚度

竹维管束复合材料中，竹纤维为增强相，胞间层为基体相，对竹维管束开展微观力学研究，需知道基体的体积含量和力学性能。

维管束中，胞间层体积含量很低，通过测量胞间层的厚度和周围纤维的粗细可以间接计算出胞间层的体积含量。相邻竹纤维之间靠得十分紧密，一般很难区分胞间层和初生壁层。Parameswaran 和 Liese 测得一个含有 8 层结构的纤维细胞壁从胞间层到细胞腔的各层厚度依次为 0.06μm、0.12μm、0.08μm、0.60μm、0.11μm、1.86μm、0.30μm、2.7μm。笔者借助扫描电镜对毛竹纤维实施观察，测得胞间层厚度约为 0.5μm（图 7-3）。

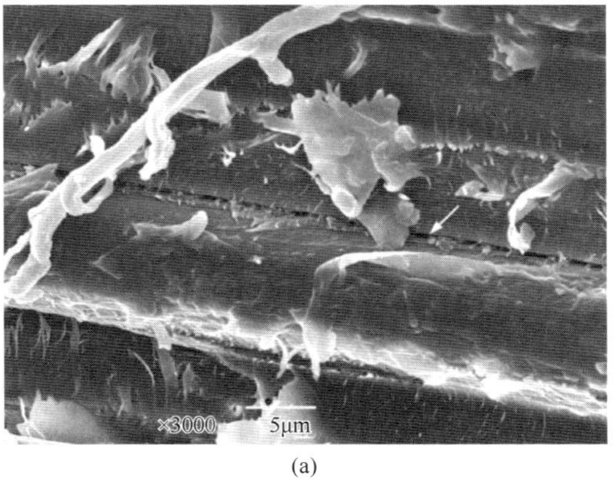

(a)

图 7-3

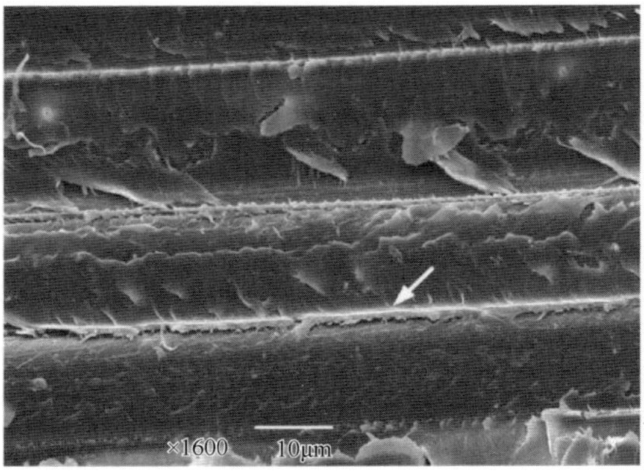

(b)

图 7-3　毛竹纤维胞间层厚度（图中箭头所指位置处）

在木材纤维中，胞间层的厚度也非常小，Wimmer 和 Lucas 测得红杉管胞的胞间层厚度小于 0.5μm，Brandstrom 则发现挪威云杉早、晚材管胞的胞间层厚度均为 0.09μm，早材胞间层体积含量约为 4.2%，晚材胞间层体积含量约为 2.1%。

7.1.3　竹维管束、竹纤维力学性能

（1）竹纤维力学性能测试结果

余雁、王戈、黄艳辉等基于 Instron 微型力学试验机研发了植物短纤维拉伸测试系统，在此基础上对竹纤维、马尾松木材纤维等作了拉伸测试。

余雁等[18]测试的毛竹采自浙江省杭州市富阳区庙山坞林场。他们将 1.5 年、2.5 年、4.5 年生竹材气干后从离地 2m 高处截取节间部位，然后在距竹青 1mm 处取样，采用化学离析法提取出竹纤维，通过拉伸测试，得到了竹纤维的力学性能，表 7-1 给出了他们的测试结果。

表 7-1　毛竹单纤维纵向力学性能[18]

项目	细胞壁面积 /μm^2	拉伸间距 /mm	最大载荷 /mN	弹性模量 /GPa	强度 /GPa
最大值	289.65	1.09	387.41	60.01	2.94
最小值	65.01	0.42	84.15	20.34	0.85
平均值	140.58	0.70	212.06	33.03	1.56
差异系数（CV）	0.33%	0.19%	0.33%	0.23%	0.23%
试样数 n	126 个	126 个	126 个	126 个	126 个

黄艳辉[27]也对相同采集地的不同竹龄的竹纤维做了拉伸测试，得到了不同竹龄的竹纤维测试结果（表 7-2）。

表 7-2　不同竹龄毛竹单纤维纵向力学性能[27]

竹龄/年	细胞壁面积/μm^2	最大载荷/mN	强度/MPa	弹性模量/GPa	断裂应变/%
0.5	144.45	209.87	1500.12	35.72	4.34
1.5	171.55	257.87	1516.30	31.83	5.55
2.5	143.75	234.22	1696.55	32.15	5.74
4.5	117.88	198.31	1749.44	33.83	5.25
6.5	150.38	184.11	1252.22	34.19	3.63
8.5	159.04	240.91	1547.99	35.46	4.58
平均值	147.84	220.88	1543.77	33.86	4.85

笔者团队通过对竹材不同部位的毛竹单纤维做拉伸测试，得到了与黄艳辉相近的测试结果（见表 6-2）。

纤维在维管束不同位置处的形状、大小和壁厚不同，呈现一定的梯度变化规律，其力学性能是不是也呈梯度变化呢？

为解决此问题，研究人员先对维管束中不同位置处的竹纤维微纤丝角做了观测。人们发现，在木材中管胞次生壁尤其是 S2 层的微纤丝角对木材弹性模量的变化起着决定性作用，由此人们推测在竹材中，竹纤维的微纤丝角也是决定其力学性能的重要因素[28]。余雁等[28]观测到毛竹纤维的微纤丝角在竹材同一截面内变化很小，可知从维管束中心向外，毛竹纤维次生壁的弹性模量变化不大，纳米压痕的测试结果也证明了这一点。随后黄艳辉在其博士论文中对同一维管束中不同位置处的竹纤维做了纳米压痕测试，结果表明，在同一维管束中，竹纤维次生壁的弹性模量变化也不明显[27]。Wang 等[64]也对 2 月龄毛竹维管束内侧、中间以及外侧等不同位置处的竹纤维做了纳米压痕测试，试图解释竹纤维在维管束中的梯度变化，测试发现三处弹性模量数值几乎相同，变化范围均在 14～20GPa 之间，且次生壁弹性模量均位于 19GPa 附近，同样支持了该观点。

上述研究表明，在竹材同一截面以及同一维管束中，虽然维管束以及纤维的密度发生梯度变化，但是各处纤维的纵向弹性模量差异不明显，故可以认定其不发生变化。

（2）竹维管束力学性能测试结果

在对维管束测试过程中，我们选择的竹材采自浙江省安吉县天荒坪镇，该处距离黄艳辉等人的试样采集地约 100km，两地毛竹材材质及力学性能可视为相同。

4 年竹龄毛竹维管束取自竹材基部节间（离地约 2～3m），沿厚度方向取样位置与黄艳辉等提取纤维位置相同。详细测试过程见第 3 章。

对维管束作拉伸测试，测得距竹青 1mm 和 2mm 位置处维管束弹性模量分别为 29.5GPa、24.6GPa，排除导管等多孔相面积后，得到维管束鞘弹性模量分别为 30.97GPa、29.02GPa。

竹纤维为各向异性材料，横向力学性质很难测取，为简化计算，在分析纤维轴向应力场及基体剪应力问题时可把纤维视为各向同性材料[65]。

7.2 细观力学模型

基于复合材料组分特性及几何特征，可以建立细观力学模型，并对纤维增强复合材料的弹性性质做出预测。本节对几种常见的适用于生物纤维复合材料力学性能分析的细观力学模型作介绍，并比较它们之间的区别和联系。

7.2.1 混合定律

对于单向连续纤维增强复合材料来说，混合定律模型 ROM 是最简单的力学模型。

根据纤维与基体在纤维方向等应变的假设（Voigt 混合定律），该模型给出复合材料轴向弹性模量计算表达式：

$$E_1 = E_f v_f + E_m v_m \tag{7-1}$$

式中 E_1——复合材料沿纤维方向的弹性模量；

E_f，E_m——纤维和基体的弹性模量；

v_f，v_m——纤维和基体的体积含量。

根据纤维与基体承受相同的横向应力（Reuss 混合定律），可推导出复合材料垂直于纤维方向的弹性模量为：

$$E_2 = \frac{E_f E_m}{v_m E_f + v_f E_m} \tag{7-2}$$

混合定律模型适用条件及其在植物复合材料中的应用缺陷在第 5 章已做介绍。

7.2.2 Halpin-Tsai 经验公式

Halpin-Tsai 给出了计算纤维增强复合材料力学性能的经验公式，其中，复合材料纵向弹性模量计算公式为：

$$\frac{E}{E_m}=\frac{1+\xi\eta v_f}{1-\eta v_f} \tag{7-3}$$

式中：

$$\eta=\frac{\dfrac{E_f}{E_m}-1}{\dfrac{E_f}{E_m}+\xi} \tag{7-4}$$

ξ 为形状参数，它由纤维几何性质、纤维集束方式及载荷条件决定。ξ 值变化范围在 0～∞之间，当 ξ=∞ 时，Halpin-Tsai 公式即为 Voigt 混合定律公式（E_1）；当 ξ=0 时，Halpin-Tsai 公式演变成 Reuss 混合定律公式（E_2）。可见 ξ 值越高，纤维对复合材料刚度的贡献就越大。

Halpin-Tsai 公式简单，能准确预测复合材料性质，但一般需要通过试验数据来确定 ξ 值。Helwitt 和 Malherbe 给出了计算复合材料纵向弹性模量时 ξ 的表达式：

$$\xi=2\left(\frac{L}{d}\right)+40v_f^{10} \tag{7-5}$$

式中，L/d 表示纤维的长径比。

7.2.3 Cox 剪滞模型

（1）剪滞模型的提出

复合材料混合定律一般适用于连续纤维复合材料，它没有考虑纤维与基体界面间的应力传递问题。剪力滞后模型或称剪滞模型（shear-lagmethod，SL）则对复合材料中纤维与基体间的应力传递问题作了考虑。

对于非连续纤维增强复合材料，最早由 Cox 于 1952 年提出了剪滞模型，推导出一维情况下纤维应力具有 2 阶微分方程形式：

$$\frac{\partial^2\left\langle\sigma_f\right\rangle}{\partial^2 z}-\beta^2\left\langle\sigma_f\right\rangle=-\beta^2\left\langle\sigma_{f_x}\right\rangle \tag{7-6}$$

式中　$\left\langle\sigma_f\right\rangle$——纤维平均应力；

$\left\langle\sigma_{f_x}\right\rangle$——无限远处包围在基体中的纤维的平均应力；

β——剪滞参数。

Cox 给出了剪滞参数 β 的表达式：

$$\beta_{Cox}=\frac{1}{r_1}\sqrt{\frac{2G_m}{E_f\ln(s/r_1)}} \tag{7-7}$$

式中　G_m——基体剪应变；

E_f——纤维轴向弹性模量；

r_1——纤维半径；

s——相邻纤维轴心之间的横向距离的平均值，通常取作基体的半径。

Cox 剪滞模型认为纤维与基体间界面为理想界面，粘接良好，同时纤维与基体均保持在弹性范围内，另外假定纤维端部为自由边界条件，即不承受轴向应力。

（2）剪滞模型的应用

将 Cox 剪滞模型推导结果与复合材料混合定律相结合，可推导出纤维复合材料纵向弹性模量表达式[66-69]：

$$E = \eta_l E_f v_f + E_m v_m \tag{7-8}$$

$$\eta_l = 1 - \frac{\tanh(\beta_{Cox} l / 2)}{\beta_{Cox} l / 2} \tag{7-9}$$

式中　l——纤维长度；

η_l——纤维长度影响系数（fiber-length factor），或特征长度参数，它随纤维长度（或长细比）的增加而增加，当纤维足够长时，η_l 取 1，当纤维较短时，η_l 取小于 1 的系数。

考虑到非连续纤维排列角度的影响，Krenchel 将复合材料纵向弹性模量计算公式做了改进：

$$E = \eta_l \eta_o E_f v_f + E_m v_m \tag{7-10}$$

式中　η_o——纤维铺设角度影响系数。

对一般纤维复合材料，通常认为复合材料孔隙比为零（即 $v_f+v_m=1$），但在植物纤维复合材料中，由于细胞空腔、纤维形状不规则及填充能力较弱等原因，总会使得复合材料中存在着一些孔隙，这些孔隙会对复合材料力学性能产生影响。考虑到这种现象，Madsen 等对式（7-10）加以改进，使其更适合于植物纤维增强复合材料力学性能的计算：

$$E = (\eta_l \eta_o E_f v_f + E_m v_m)(1 - v_p)^n \tag{7-11}$$

式中　v_p——孔洞体积含量；

n——孔洞效率幂指数，表示孔洞导致的应力集中效应，当 n=0 时，孔洞对复合材料的性能不起作用，仅造成体积减小；Madsen 发现，对植物纤维复合材料，一般取 n=2 较为合适。

在分析植物纤维力学性能过程中，一般通过测量纤维直径实现对纤维横截面面积的计算。纤维在植物体内生长粗细程度不同，研究发现，随着纤维直径的增加，天然纤维弹性模量会减小[70-72]，考虑到纤维直径尺寸变化带来的影响，

Summerscales 等给出了天然纤维复合材料的弹性模量计算公式：

$$E = \eta_d \eta_l \eta_o E_f v_f + E_m v_m \quad (7\text{-}12)$$

式中　η_d ——纤维直径影响系数，变化范围 0～1。

需要说明的是，对植物纤维通过测量直径来计算横截面面积是不准确的。植物纤维的横截面一般呈不规则形状，在对纤维几何尺寸测量过程中，当将纤维截面视为圆形截面加以测量时，发现其横截面面积比实际纤维横截面面积要大 2 倍，由此引起的力学参数计算误差也要大很多。

（3）Cox 剪滞模型的改进

自从 Cox 提出剪滞模型后，该方法在单纤维应力分析问题中得到广泛应用。

对给定长度的纤维，其应力分布与外部施加载荷、纤维及基体的弹性模量、几何形状和（或）测试方法等有关。在 Cox 剪滞模型应用过程中，人们发现该模型存在一些缺陷，例如忽略了基体的轴向应力，没考虑相邻纤维间的相互影响、纤维端部为自由边界条件等，另外该模型也没有对纤维与基体间的应力传递做详细讨论等。针对 Cox 剪滞模型的缺陷，许多后续工作对该模型做了改进处理。

1）Cox 剪滞模型基本假设条件的建立

考虑到剪滞模型的缺陷，Nairn 对剪滞模型的建立条件作了严格论证[73]，针对共轴圆柱体复合材料，Nairn 引入了以下基本假设：

a. $\left|\dfrac{\partial u}{\partial r}\right| = \left|\dfrac{\partial w}{\partial r}\right|$；

b. $\tau_{rz} = \dfrac{f_0(z)r}{2} + \dfrac{f_1(z)}{r}$；

c. $\left|\dfrac{\nu}{E_m}\left\langle \sigma_{rr} + \sigma_{\theta\theta} \right\rangle\right| = \dfrac{\left\langle \sigma_{zz} \right\rangle}{E_m}$；

d. σ_{zz} 和 w 与 r 弱相关。

上述假设条件中，

u，w——分别为基体沿径向、轴向的位移；

$f_0(z)$，$f_1(z)$ ——与坐标 z 有关的待定函数；

σ_{rr}，$\sigma_{\theta\theta}$，σ_{zz}，τ_{rz} ——分别为基体沿径向、环向、轴向的应力分量；

ν ——基体的泊松比。

2）边界条件的改进

Cox 模型认为纤维两端为自由边界，无应力作用。针对纤维端部承受轴力时的情况，1992 年，Nair 和 Kim 采用修正剪力滞后模型分析了纤维与基体的应力，他们将纤维端部与纤维相连的基体假想成虚设纤维（the fictitious or imaginary fiber），认为纤维与基体在端部相连位置处应力连续，对复合材料在给定端部应变的情况，他们给出了纤维和虚设纤维的应力表达式以及界面处的剪应力表达式，最后对复合材料的轴向弹性模量做了计算。随后 Hsueh（薛承辉）也采用同样的虚设纤维对剪滞模型做了改进，针对复合材料在给定端部应力的情况，解出了纤维和基体中的应力分布情况，并讨论了虚设纤维长度、纤维长径比、纤维与基体弹性模量比值等对复合材料应力分布的影响。后来 Hsueh 又采用改进的剪滞模型计算了复合材料的轴向弹性模量，并将结果与 Halpin-Tsai 模型、Eshelby 模型以及有限元分析做了比较，发现结果吻合很好。

随着研究的深入，剪滞模型又被应用于更为细小的纤维增强复合材料研究领域。2005 年，Gao 和 Li[74]把剪滞模型应用于碳纳米管复合材料的应力分析，并对复合材料中的应力分布做了详细推导。分析过程中也引入了虚设纤维假设，把复合材料代表体元分为两段：一段为碳纳米管纤维增强部分；另一段为与纤维端部相连的纯基体部分，把该段假设成增强纤维，但其同时具有与基体相同的弹性模量。与 Nair 和 Kim、Hsueh 等不同的是，Gao 和 Li 在分析过程中认为碳纳米管外围基体也要承受轴向应力的作用。随后 Gao 和 Li 的相关理论研究成果又被应用于绿色环保型纤维素纳米复合材料以及纳米复合材料发电机机理的研究中。

在以上剪滞模型中，都采用了共轴圆柱体体积代表单元。也有研究人员采用矩形体积代表单元对复合材料做剪滞分析的。

3）考虑纤维间的影响

在纤维体积比大于 20%时，由于纤维之间的相互影响作用增强，Cox 提出的剪滞理论不再适用，这时必须考虑纤维之间的相互影响。对单纤维剪滞模型的分析已经推导出纤维轴向应力基本方程表现为 2 阶微分方程形式［式（7-6）]，但当考虑纤维间的相互影响时，纤维轴向应力基本方程通常表现为 4 阶微分方程形式[66,68,75]。

在单纤维和多纤维拉拔试验中，基于细观力学模型，Fu 和 Yue 等[66]分析了纤维/基体界面应力传递问题。他们在分析过程中对单纤维和多纤维分别建立了两层圆柱体模型（纤维与基体）和三层圆柱体模型（纤维、基体与复合物)，并对两种模型中应力传递的差异性做了比较，发现两层圆柱体模型中纤维轴向应力基本方程表现为 2 阶微分方程形式，但在考虑纤维间的相互影响的三层圆柱体模型中，纤维轴向应力基本方程表现为 4 阶微分方程形式。他们还利用三层圆柱体模型对受拉单向短纤维复合材料的应力传递及纵向弹性模量做了分析[68]，发现在多纤维模型中，纤维自端部至中间位置轴向应力逐渐增大，与单纤维模型结论有明显区别的是：由于周围纤维的影响，使得纤维长径比越大，纤维中的最大应力值也越大；纤维轴向应力随着纤维体积比的增大而减小。另外，他们还分析了纤维长细比、纤维体积含量、纤维基体模量比值以及纤维端部间隔距离等因素对纤维长度因子的影响。

Kotha 等将 Hsueh 虚设纤维的方法应用到矩形板增强复合材料中，他们采用剪滞理论对周期性错列排布矩形板相互间的影响做了分析，他们考虑了两种情况：①板间基体不承受轴向拉应力，仅承受剪应力，同时剪应力沿基体厚度方向保持不变；②基体同时承受拉应力和剪应力。通过分析发现，第一种情况下纤维轴向应力基本方程具有 2 阶微分方程形式，而第二种情况下纤维轴向应力基本方程具有 4 阶微分方程形式。超微尺度下，骨组织由矿物质板和有机质基体组成，针对矿物质板在有机质基体中相互错列排布的现象，他们用上述理论对骨组织的微观力学行为做了分析。

7.2.4 拉剪链模型

生物复合材料的微观结构一般由相互错列排布的矿物质板组成，Jäger 和 Fratzl 讨论了胶原微纤丝中矿物质的排布方式，提出了一种用于计算生物复合材料刚度的错列排布剪滞模型，在该模型中，矿物质矩形薄片承受拉伸载荷，其周围的蛋白质基体则以剪力形式传递矿物质晶体间的载荷。结合 Jäger 和 Fratzl 的基础工作和 Kotha 等对周期性错列排布模型的分析结果（第一种情况），Gao（高华健）和 Ji（季葆华）等对骨组织在超微尺度下的微观力学行为做了进一步分析，并提出了拉剪链模型（the tension-shear chainmodel，TSC）用于解释矿物质板和蛋白质基体间的应力传递路径（图 7-4）。

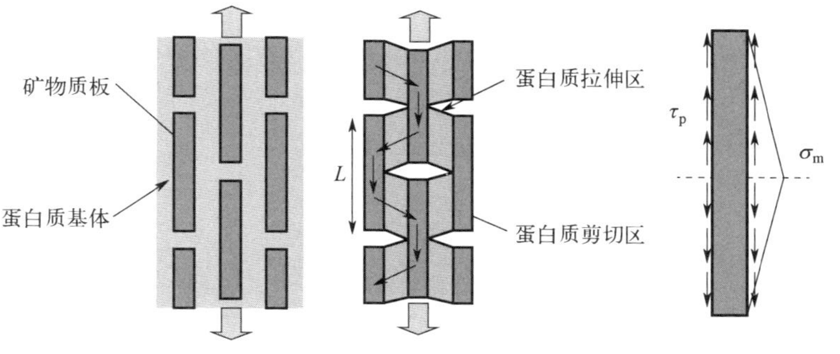

图 7-4 拉剪链模型[76]

在拉剪链模型中，Ji 和 Gao 对矿物质板和蛋白质基体中的应力分布做了下列假设：

① 基体和界面处的剪应力均匀分布；

② 矿物质板内轴向应力沿轴向线性分布。

基于上述假设，他们给出了复合材料等效弹性模量的计算表达式：

$$\frac{1}{E}=\frac{4(1-\Phi)}{G_p\Phi^2\rho^2}+\frac{1}{\Phi E_m} \tag{7-13}$$

式中 E_m——矿物质的弹性模量；

G_p——蛋白质的剪切模量；

Φ——矿物质的体积比；

ρ——矿物质板的长细比。

Gao 等发现利用拉剪链模型得到的弹性模量与有限元计算结果吻合很好。

在高华健和季葆华等提出拉剪链模型后，该模型已成功用于研究微观尺度下生物材料的力学特性，如纳米复合材料的结构稳定性、蛋白质与矿物质板间的界面强度等，随后人们又将拉剪链模型扩展至更一般的层叠错列排布结构。另外，也有研究人员用剪滞模型理论对纳米复合材料结构的位移场和应力场作分析，得到了蛋白质-矿物质界面的近似剪应力及矿物质板的平均轴向应力，这些研究从某种程度上支持了拉剪链模型。

尽管拉剪链模型已成功用于研究微观尺度下生物材料的力学特性，但在模型建立过程中，高华健、季葆华没有对所做假设加以说明。为了保证拉剪链模型的有效性，高华健、季葆华及其合作者对拉剪链模型所作假设做了进一步验证[77,78]。

Chen 等[77]对生物复合材料纳米结构的规则错列排布模型做了剪滞分析，用于验证拉剪链模型中的基体剪应力均匀分布假设。他们给出了生物复合材料纳米结构应力传递的特征长度：

$$L_c=\sqrt{\frac{E_f h_f h_m}{G_m}} \tag{7-14}$$

式中 L_c——应力传递特征长度；

h_f——矿物质薄板的厚度；

h_m——基体的厚度；

G_m——基体的剪切模量。

分析指出，当矿物质薄板的长度 $L<L_c$ 时，基体中的剪应力满足均匀分布假设；当 $L>L_c$ 时，矿物质薄板内应力传递区域在距端部 L_c 处达到最大，剩余部分不参与应力传递；当 $L=L_c$ 时，矿物质薄板全部参与应力传递，这时结构最为优化。

Chen 等[77]根据特征长度计算公式计算出骨头及贝壳中矿物质板的临界长细比分别为 55（骨头中矿物质板体积含量为 45%）和 11（贝壳中矿物质板体积含量为 95%），而骨头及贝壳中矿物质板的实际长细比分别为 45 和 10，它们都小于特征长度尺寸，由此说明生物材料纳米结构为优化结构，它们均满足基体剪应力均匀分布假设，也就证明了拉剪链模型在生物材料中的合理性。

同样，为了验证界面剪应力均匀分布假设，Liu 等[78]采用扰动法对生物复合材料纳米结构规则错列排布模型做了研究，得到了应力场、位移场的分布情况，并给出了生物复合材料纳米结构有效弹性模量计算公式：

$$\frac{1}{E}=\frac{1}{E_f\Phi_f}+\frac{4}{E_f\Phi_f\gamma\tanh(\gamma/4)}\times\frac{1}{E}=\frac{1}{E_f\Phi_f}+\frac{4}{E_f\Phi_f\gamma\tanh(\gamma/4)} \quad (7\text{-}15)$$

这里，E_f、Φ_f 分别表示矿物质板的弹性模量和体积含量，γ 反映界面处的剪应力分布情况，它可以表示为：

$$\gamma=2\rho\sqrt{\frac{G_m h_f}{E_f h_m}}=2\rho\sqrt{\frac{G_m\Phi_f}{E_f(1-\Phi_f)}} \quad (7\text{-}16)$$

分析指出，当 $\gamma\leqslant4$ 时，基体内剪应力分布趋于均匀，这与拉剪链模型中的剪应力均匀分布假设一致，这时弹性模量计算公式与高华健等给出的生物复合材料纳米结构有效弹性模量计算公式一致。

分析 Liu 等[78]的工作发现，当 $\gamma=2$ 时，基体内剪应力均匀分布。将 $\gamma=2$ 代入式（7-16）得到矿物质板的长细比为：

$$\rho=\sqrt{\frac{E_f h_m}{G_m h_f}}=\sqrt{\frac{E_f\left(1-\Phi_f\right)}{G_m\Phi_f}} \quad (7\text{-}17)$$

这与 Chen 等[77]得到的矿物质板长细比一致。

7.2.5 BW 模型

Bar-on 和 Wagner 基于剪滞模型，建立了 BW 模型，对微结构呈错列排布的复合材料的有效弹性模量做了多尺度理论分析，并对珠母贝、胶原纤维、牙齿等生物材料做了计算。他们采用自下向上建模途径（bottom-upmodeling approach）对复合材料做了两级尺度理论分析。首先在小尺度下，讨论了较低级别复合材料中增强板或杆在基体中的两种排列方式，即规则排布和错列排布，分别对这两种排布方式下微观复合材料纵向弹性模量计算公式做了推导。其次，在大尺度下，将小尺度下的复合材料当作基体相，它与纤维组成更高一级的复合材料。

对错列排布小尺度复合材料，Bar-on 和 Wagner 给出了其纵向弹性模量计算式：

$$E=\frac{\gamma}{(2\Delta_1-1)\coth\left(\frac{\gamma}{2}\right)+\gamma\left(\frac{3}{2}-\Delta_1\right)}\bar{E} \quad (7\text{-}18)$$

式中，

$$\bar{E}=[E_f\Delta_1+E_m(2-\Delta_h)]/2 \quad (7\text{-}19)$$

$$\gamma=\rho_{\mathrm{f}}\sqrt{4\frac{G_{\mathrm{m}}}{E_{\mathrm{f}}}\times\frac{\varDelta_{\mathrm{h}}}{1-\varDelta_{\mathrm{h}}}\left(1-\frac{1}{2\varDelta_{\mathrm{l}}}\right)} \tag{7-20}$$

式中，$\varDelta_{\mathrm{h}}$、$\varDelta_{\mathrm{l}}$ 分别为板厚度和长度的比率：

$$\varDelta_{\mathrm{h}}=h/(h+d),\ \varDelta_{\mathrm{l}}=l/(l+e) \tag{7-21}$$

其中，h、l 分别为纤维板的宽度和长度，d、e 分别为相邻板之间沿横向、纵向的间隔尺寸。

虽然 BW 模型适合于生物材料做多尺度分析，但该模型是基于平面矩形板单元做的理论推导，故式（7-18）也仅适合于对平面问题做预测，它对空间问题不适用。

7.3 修正剪滞模型分析竹纤维应力场

作为生物复合材料，竹维管束由较硬的竹纤维和相对较软的胞间层基体相组成。我们可以利用上述理论模型对竹纤维的应力分布情况作出分析，并对竹维管束复合材料的弹性模量作出预测，但在分析过程中要注意竹材微观结构本身的特殊性。

前文对常见的几种适用于生物纤维复合材料力学性能分析的细观力学模型做了介绍，事实证明，它们可以成功地用于对生物复合材料如骨头、贝壳等材料的微观力学性能作出预测，但上述模型并不一定适合于竹维管束微观结构的力学性能分析。因为骨材料的微观结构与竹材维管束的微观结构不完全相同，虽然它们的长细比都很大（骨头中矿物质板临界长细比为 55，竹纤维长细比在 100 左右），但两者几何形状不同，如骨材料中矿物质板一般呈矩形，而竹纤维则近似为棱柱状。另外，竹纤维端部呈尖状，这也是已有模型所没有考虑到的。

考虑到竹纤维的特殊几何形态，本节在竹纤维应力场分析过程中，提出了适合于竹纤维应力分析的修正剪滞模型（MSL）[39]，在此基础上，对竹纤维组成的维管束鞘弹性模量做了预测。

在代表体元中，纤维之间的胞间层为基体，由于胞间层厚度很小，其体积含量约为 3%～5%，故基体轴向正应力可忽略不计，而仅需考虑剪应力的影响，对这类情况的分析可以参考 Kotha 等提出的错列排布模型[75]。在对纤维尖端部分做应力分析时，则参考了 Goh 等的工作[65,79-82]。同时在采用修正剪滞模型 MSL 分析代表体元应力传递问题时，用到了剪滞模型所做的一些假设，相关假设的详细介绍可参考 Nairn 的工作[73]。

7.3.1 纤维端部形态分析

在制备复合材料时常常选用高强度高弹性纤维来提高纤维增强复合材料的强度和韧性。在动物组织和植物组织中也存在这样的现象，如胶原纤维和植物纤维等。对纤维做应力分析时，一般把纤维端部看作平的截面，如矩形纤维或柱状纤维，但有限元分析发现在纤维端部会出现应力集中现象[83,84]。近年来，人们发现胶原纤维也不是理想的圆柱形状，其端部往往呈现尖状或抛物线形状[79]。

观察竹纤维端部情况，可以发现竹纤维端部也呈尖状［图 7-5（a）］，由于竹纤维为六棱柱体，可知纤维端部近似为六棱锥形［图 7-5（b）］。在整根竹纤维中，纤维尖端部分长度所占比例较小，一般约为 1/10，图 7-6 给出了竹纤维及其简化模型，其中纤维中段部分长度为 $2L$，尖端部分长度为 $2l$。参考 Goh 等的工作，我们可以对纤维端部锥形尖端做应力分析，计算出纤维尖端的应力分布情况，由此可以预测纤维尖端部分对纤维整体应力分布的影响。

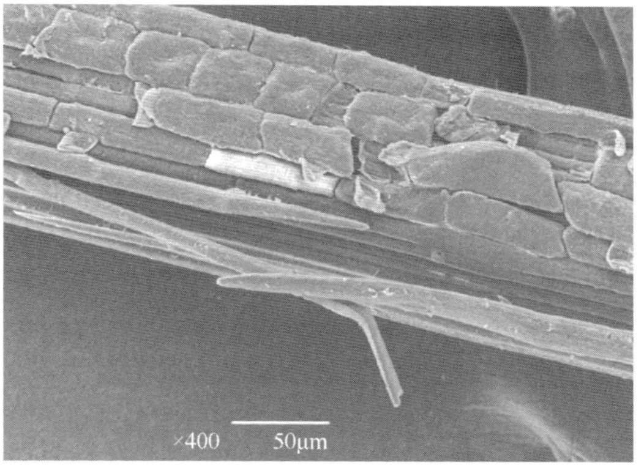

(a) 纤维锥尖

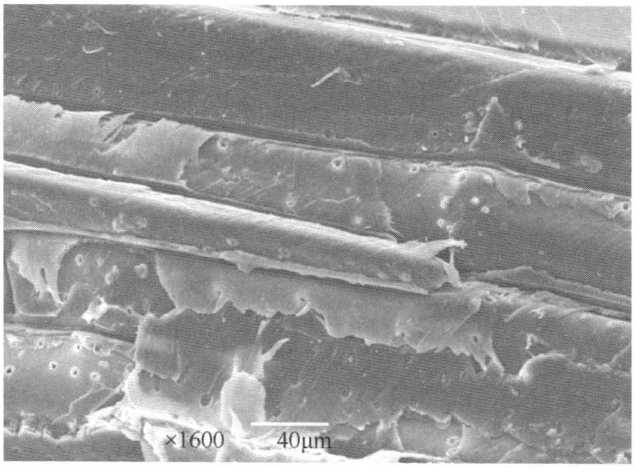

(b) 六棱锥尖

图 7-5　竹纤维端部情况

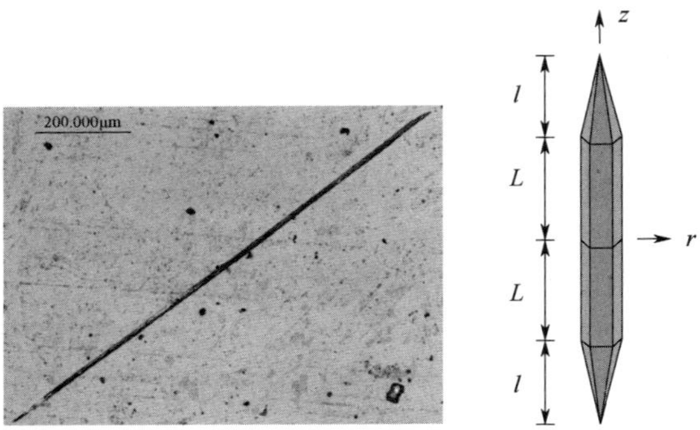

(a) 竹纤维　　(b) 简化模型

图 7-6　竹纤维及其简化模型

7.3.2 代表体元的建立

针对竹维管束鞘中的竹纤维几何形态，可以建立复合材料代表体元。对纤维中段部分，考虑纤维几何形状可知，纤维为近六棱柱形，它与周围纤维紧密结合，中间填充着胞间层基体。为了分析方便，这里假设纤维的粗细程度、力学性质等完全相同。在分析纤维之间应力的传递时，考虑到采用六棱柱不易处理，这里把中心纤维看作圆柱形，周围纤维可用圆环纤维替代，中间部分为基体，如图 7-7 所示。

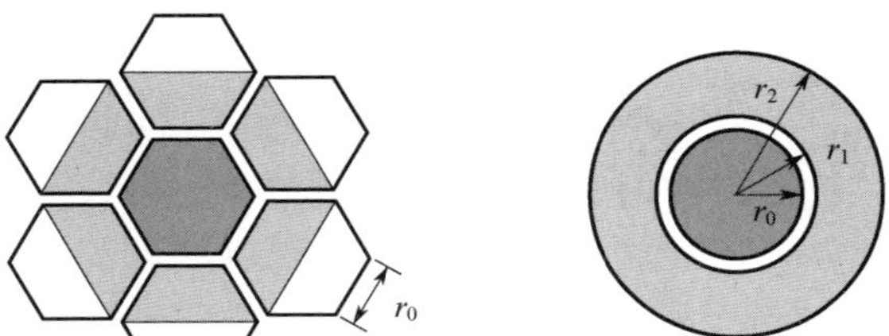

(a) 中心纤维与周围纤维横截面形状　　(b) 中心纤维与周围纤维的简化

图 7-7　纤维横截面

在极坐标系下，维管束鞘胞元可用图 7-8（a）所示代表体元表示，体元受轴向力作用。其中，纤维 1 中段长度为 L，锥尖长度为 l。锥尖部分所占比例很小，它的受力情况在图 7-8（b）中单独给出。

设中间增强纤维为 f_1，周围相邻纤维用 f_2 表示，纤维 1 与纤维 2 之间填充基体。纤维 1 半径为 r_0，纤维 2 的内、外半径分别为 r_1、r_2，基体厚度为 s，它们之间满足以下关系：

$$r_1 = r_0 + s \tag{7-22}$$

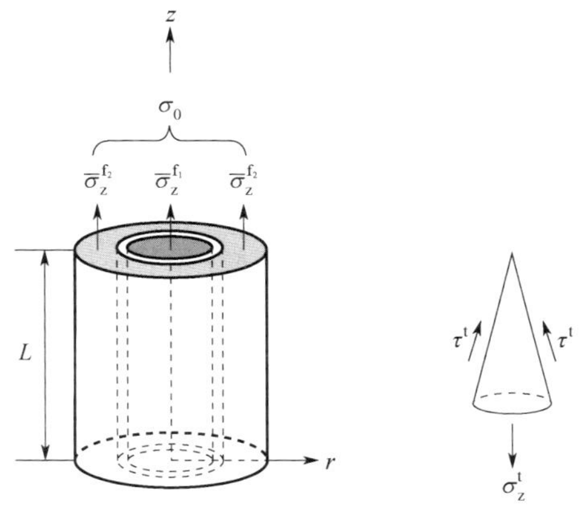

(a) 纤维中段受力示意图　　(b) 纤维1锥尖受力示意图

图 7-8　竹纤维复合材料代表体元

$$r_2 = r_1 + r_0 = 2r_0 + s \tag{7-23}$$

在极坐标系（r，θ，z）下，对圆柱轴对称问题，其控制方程如下。

平衡方程：

$$\frac{\partial\sigma_{\mathrm{r}}}{\partial r}+\frac{\partial\tau_{\mathrm{rz}}}{\partial z}+\frac{\sigma_{\mathrm{r}}-\sigma_{\theta}}{r}=0,\quad \frac{\partial\tau_{\mathrm{rz}}}{\partial r}+\frac{\partial\sigma_{\mathrm{z}}}{\partial z}+\frac{\tau_{\mathrm{rz}}}{r}=0 \tag{7-24}$$

几何方程：

$$\varepsilon_{\mathrm{r}}=\frac{\partial u}{\partial r},\quad \varepsilon_{\theta}=\frac{u}{r},\quad \varepsilon_{\mathrm{z}}=\frac{\partial w}{\partial z},\quad \gamma_{\mathrm{rz}}=\frac{\partial u}{\partial z}+\frac{\partial w}{\partial r} \tag{7-25}$$

本构方程：

$$\begin{aligned}&\varepsilon_{\mathrm{r}}=\frac{1}{E}[\sigma_{\mathrm{r}}-\nu(\sigma_{\theta}+\sigma_{\mathrm{z}})],\quad \varepsilon_{\theta}=\frac{1}{E}[\sigma_{\theta}-\nu(\sigma_{\mathrm{z}}+\sigma_{\mathrm{r}})]\\&\varepsilon_{\mathrm{z}}=\frac{1}{E}[\sigma_{\mathrm{z}}-\nu(\sigma_{\mathrm{r}}+\sigma_{\theta})],\quad \gamma_{\mathrm{rz}}=\frac{\tau_{\mathrm{rz}}}{G}\end{aligned} \tag{7-26}$$

在上述方程中，σ_{r}、σ_{θ}、σ_{z}、τ_{rz} 为应力分量，ε_{r}、ε_{θ}、ε_{z}、γ_{rz} 为应变分量，u、w 为径向和轴向位移分量，E、ν、G 分别为材料的弹性模量、泊松比和剪切模量。上述方程对增强纤维和基体都适用。

边界条件如下。

由对称性可知，基体内外两侧剪应力相等，纤维 2 外表面处剪应力为零：

$$\tau_{\mathrm{rz}}^{\mathrm{m}}\big|_{r=r_1}=\tau_{\mathrm{i}},\quad \tau_{\mathrm{rz}}^{\mathrm{m}}\big|_{r=r_2}=\tau_{\mathrm{i}},\quad \tau^{\mathrm{f}_2}\big|_{r=r_2}=0 \tag{7-27}$$

在界面位置处，应力满足连续性条件：

$$\tau^{f_1}\Big|_{r=r_0,-L\leqslant z\leqslant L}=\tau^{m}\Big|_{r=r_1,-L\leqslant z\leqslant L},\quad \tau^{f_2}\Big|_{r=r_1,-L\leqslant z\leqslant L}=\tau^{m}\Big|_{r=r_1,-L\leqslant z\leqslant L} \tag{7-28}$$

设在 $z=\pm L$ 处复合材料平均轴向应力为 σ_0，即：

$$\sigma^{c}\Big|_{z=\pm L}=\sigma_0 \tag{7-29}$$

（1）增强区域

式（7-24）为沿 z 轴方向的平衡方程，对纤维 1，将 z 方向平衡方程沿径向自 0 到 r_0 进行积分，有：

$$\frac{1}{\pi r_0^2}\int_0^{r_0}\frac{\partial\sigma_z^{f_1}}{\partial z}(2\pi r)\mathrm{d}r+\frac{1}{\pi r_0^2}\int_0^{r_0}\frac{1}{r}\times\frac{\partial(r\tau_{rz}^{f_1})}{\partial z}(2\pi r)\mathrm{d}r=0 \tag{7-30}$$

定义横截面内纤维 1 沿纵向的平均应力为：

$$\bar{\sigma}_z^{f_1}=\frac{1}{\pi r_0^2}\int_0^{r_0}\sigma_z^{f_1}(2\pi r)\mathrm{d}r \tag{7-31}$$

将式（7-31）代入式（7-30），有：

$$\frac{\mathrm{d}\bar{\sigma}_z^{f_1}}{\mathrm{d}z}=-\frac{2}{r_0}\tau_{1z} \tag{7-32}$$

式（7-32）推导过程中，引入了纤维 1 轴心位置处剪应力为零的情况，即：

$$\tau_{rz}^{f_1}\Big|_{r=0}=0,\quad \tau_{rz}^{f_1}\Big|_{r=r_0}=\tau_{1z} \tag{7-33}$$

式中，τ_{1z} 为纤维 1 与基体界面处的剪应力。

由界面剪应力 τ_{1z} 求纤维 1 内部剪应力 $\tau_{rz}^{f_1}$，假设：

$$\frac{\partial\sigma_z^{f_1}}{\partial z}=f(z) \tag{7-34}$$

其中，$f(z)$ 待定，将式（7-34）代入平衡方程式（7-24），对 r 从 0 到 r_0 积分，有：

$$\tau_{rz}^{f_1}=-\frac{1}{2}rf(z) \tag{7-35}$$

考虑到边界条件，得到 $f(z)$ 的表达式为：

$$f(z)=-\frac{2\tau_{1z}}{r_0} \tag{7-36}$$

将式（7-36）代入式（7-35），得到纤维内部剪应力 $\tau_{rz}^{f_1}$ 为：

$$\tau_{rz}^{f_1} = \frac{r}{r_0}\tau_{1z} \tag{7-37}$$

类似地，对纤维 2 增强区域，有平衡方程：

$$\frac{d\bar{\sigma}_z^{f_2}}{dz} = -\frac{2r_1}{r_2^2 - r_1^2}\tau_{2z} \tag{7-38}$$

其中：

$$\bar{\sigma}_z^{f_2} = \frac{1}{\pi(r_2^2 - r_1^2)}\int_{r_1}^{r_2} \sigma_z^{f_2}(2\pi r)dr \tag{7-39}$$

为纤维 2 在横截面内沿纵向的平均应力。

同样的，式（7-38）推导过程中，用到了纤维 2 的应力边界条件：

$$\tau_{rz}^{f_2}\Big|_{r=r_1} = \tau_{2z}, \quad \tau_{rz}^{f_2}\Big|_{r=r_2} = 0 \tag{7-40}$$

其中，τ_{2z} 为纤维 2 与基体在界面 $r = r_1$ 处的剪应力。

由界面剪应力 τ_{2z} 求纤维 2 内部剪应力 $\tau_{rz}^{f_2}$。采用与纤维 1 相同的处理方法，假设：

$$\frac{\partial\sigma_z^{f_2}}{\partial z} = F(z) \tag{7-41}$$

将式（7-41）代入平衡方程式（7-24），对 r 从 r_1 到 r_2 积分，有：

$$r\tau_{rz}^{f_2} - r_1\tau_{2z} = \frac{r_1^2 - r^2}{2}F(z) \tag{7-42}$$

考虑应力边界条件，可得：

$$F(z) = \frac{2r_1}{r_2^2 - r_1^2}\tau_{2z} \tag{7-43}$$

将式（7-43）代入式（7-42），得：

$$\tau_{rz}^{f_2} = \frac{r_1^2 - r^2}{r_2^2 - r_1^2} \times \frac{r_1}{r}\tau_{2z} \tag{7-44}$$

（2）基体区域

在基体中，由于不考虑轴向正应力，且其厚度非常小，可设其内外两侧界面处剪应力相等，即：

$$\tau_{1z} = \tau_{2z} = \tau_{iz} \tag{7-45}$$

从而，对式（7-32）、式（7-38），有：

$$\frac{\mathrm{d}\bar{\sigma}_z^{f_1}}{\mathrm{d}z}=-\frac{2}{r_0}\tau_{iz} \tag{7-46}$$

$$\frac{\mathrm{d}\bar{\sigma}_z^{f_2}}{\mathrm{d}z}=-\frac{2r_1}{r_2^2-r_1^2}\tau_{iz} \tag{7-47}$$

纤维1、2沿轴向位移的差异使得基体中产生剪应变γ^m，参考Nairn的工作[73]，忽略基体的径向位移，有：

$$w_{2z}-w_{1z}=(r_1-r_0)\gamma^m \tag{7-48}$$

两边对z求微分：

$$\varepsilon_{2z}-\varepsilon_{1z}=(r_1-r_0)\frac{1}{G^m}\times\frac{\mathrm{d}\tau_{iz}}{\mathrm{d}z} \tag{7-49}$$

（3）纤维轴向应力基本方程

将式（7-46）代入式（7-49），同时忽略横向应力的影响，令$\varepsilon_{1z}=\bar{\sigma}_z^{f_1}/E_1$，$\varepsilon_{2z}=\bar{\sigma}_z^{f_2}/E_2$，有：

$$\frac{\bar{\sigma}_z^{f_2}}{E_2}-\frac{\bar{\sigma}_z^{f_1}}{E_1}=-(r_1-r_0)\frac{1}{G^m}\times\frac{r_0}{2}\times\frac{\mathrm{d}^2\bar{\sigma}_z^{f_1}}{\mathrm{d}z^2} \tag{7-50}$$

其中，E_1、E_2分别为纤维1、2的纵向弹性模量。

为了考虑$\bar{\sigma}_z^{f_1}$、$\bar{\sigma}_z^{f_2}$的关系，设复合材料在横截面内整体平均应力为σ_0，考虑纤维与整体复合材料的受力关系，同时忽略基体轴向正应力影响，有：

$$\bar{\sigma}_z^{f_1}r_0^2+\bar{\sigma}_z^{f_2}(r_2^2-r_1^2)=\sigma_0 r_2^2 \tag{7-51}$$

可以得出：

$$\bar{\sigma}_z^{f_2}=\sigma_0\frac{r_2^2}{r_2^2-r_1^2}-\bar{\sigma}_z^{f_1}\frac{r_0^2}{r_2^2-r_1^2} \tag{7-52}$$

将式（7-52）代入式（7-50），整理可得：

$$\frac{\mathrm{d}^2\bar{\sigma}_z^{f_1}}{\mathrm{d}z^2}-\frac{2G^m}{(r_1-r_0)r_0}\left(\frac{1}{E_1}-\frac{1}{E_2}\times\frac{r_0^2}{r_2^2-r_1^2}\right)\bar{\sigma}_z^{f_1}+\frac{2G^m}{E_2}\times\frac{r_2^2}{r_2^2-r_1^2}\times\frac{1}{(r_1-r_0)r_0}\sigma_0=0 \tag{7-53}$$

式（7-53）即为纤维1轴向应力的控制方程。

（4）纤维轴向应力求解

对式（7-53）求解，得到纤维1轴向应力的解：

$$\bar{\sigma}_z^{f_1}=\frac{r_2^2}{E_2}\times\frac{1}{\dfrac{r_2^2-r_1^2}{E_1}+\dfrac{r_0^2}{E_2}}\sigma_0+A\cosh(\beta z)+B\sinh(\beta z) \tag{7-54}$$

其中，A、B 为常系数；β 为剪滞参数，它可以表示为：

$$\beta=\sqrt{\frac{2G^{\mathrm{m}}}{(r_1-r_0)r_0}\left(\frac{1}{E_1}-\frac{1}{E_2}\times\frac{r_0^2}{r_2^2-r_1^2}\right)} \tag{7-55}$$

式（7-55）中，当纤维 1 和 2 满足 $E_1=E_2=E_{\mathrm{f}}$，$r_1=r_0+s$，$r_2=r_1+r_0$ 时，有：

$$\beta=\sqrt{\frac{2G^{\mathrm{m}}}{E_{\mathrm{f}}}\times\frac{4r_0+2s}{(3r_0+2s)r_0s}} \tag{7-56}$$

考虑中心纤维 1 与周围基体组成的复合材料，设 v_{f} 为纤维 1 的体积含量，它可以表示为：

$$v_{\mathrm{f}}=\frac{r_0^2}{(r_0+s/2)^2} \tag{7-57}$$

对给定的代表体元，设纤维 2 内、外半径分别为 $r_1=r_0+s$、$r_2=r_1+r_0=2r_0+s$，由纤维 1 的体积含量 v_{f} 表达式，可以得出胞间层厚度 s 与中心纤维半径 r_0 的关系：

$$s=2(v_{\mathrm{f}}^{-1/2}-1)r_0 \tag{7-58}$$

式（7-55）中剪滞参数 β 可用 v_{f} 表达为：

$$\beta=\sqrt{\frac{G^{\mathrm{m}}}{E_{\mathrm{f}}}\times\frac{4\sqrt{v_{\mathrm{f}}}}{(4-\sqrt{v_{\mathrm{f}}})(1-\sqrt{v_{\mathrm{f}}})}\frac{q}{L}} \tag{7-59}$$

式（7-54）中的常系数 A、B 可由边界条件求出，下面分别对其进行计算。

首先，由对称性 $\bar{\sigma}_{\mathrm{z}}^{\mathrm{f_1}}\big|_{z=-L}=\bar{\sigma}_{\mathrm{z}}^{\mathrm{f_1}}\big|_{z=L}$，可知 $B=0$。

从而，

$$\bar{\sigma}_{\mathrm{z}}^{\mathrm{f_1}}=\frac{r_2^2}{r_2^2-r_1^2+r_0^2}\sigma_0+A\cosh(\beta z) \tag{7-60}$$

联立式（7-46）、式（7-60），求出纤维 1 与基体界面处的剪应力 $\tau_{1\mathrm{z}}$ 为：

$$\tau_{1\mathrm{z}}=\tau_{\mathrm{iz}}=-\frac{r_0}{2}\times\frac{\mathrm{d}\bar{\sigma}_{\mathrm{z}}^{\mathrm{f_1}}}{\mathrm{d}z}=-\frac{r_0}{2}A\beta\sinh(\beta z) \tag{7-61}$$

其次，为了求常系数 A，需考虑纤维尖端部分的应力分布情况。

（5）纤维尖端部分的应力分布

Goh 等对具有不同尖端形状的纤维研究发现：圆柱形纤维增强复合材料，轴向应力沿纤维长度方向线性增加，端部应力为零，至中间部位增至最大；而尖端呈圆锥形的纤维，其轴向应力沿纤维长度方向保持不变[79]；尖端呈抛物线和椭圆形状的纤维应力分布居于柱形纤维和锥形纤维之间。一般而言，纤维端部逐渐变细可以降低纤维中间位置处的峰值应力，并使得轴向应力分布更为均匀。

设纤维中段的长径比为：

$$q = L / r_0 \tag{7-62}$$

锥尖部分的长径比为：

$$q^{\mathrm{t}} = l / r_0 \tag{7-63}$$

令锥尖长度 l 与纤维中段长度 L 的比值为：

$$k = l / L \tag{7-64}$$

则由式（7-62）～式（7-64）可得：

$$q^{\mathrm{t}} = kq \tag{7-65}$$

当纤维尖端部位呈圆锥形时，纤维轴向应力沿轴向保持不变，Goh 等给出了圆锥形纤维轴向应力计算公式[79]：

$$\sigma_{\mathrm{z}}^{\mathrm{t}} = \tau^{\mathrm{t}} q^{\mathrm{t}} \tag{7-66}$$

式中　$\sigma_{\mathrm{z}}^{\mathrm{t}}$——锥形纤维轴向应力；

τ^{t}——锥形纤维表面剪应力，在纤维尖端保持不变。

对竹纤维尖端测量发现，竹纤维尖端部位夹角一般为 2°～5°，中段部分向尖端部分过渡得非常缓慢，可以认为纤维 1 中间圆柱部分与端部锥尖部分在连接处满足应力连续，由连续性条件可知：

$$\tau^{\mathrm{t}} = \tau_{\mathrm{iz}}\Big|_{z=L} \tag{7-67}$$

以及

$$\sigma_{\mathrm{z}}^{\mathrm{t}} = \bar{\sigma}_{\mathrm{z}}^{\mathrm{f_1}}\Big|_{z=L} \tag{7-68}$$

联立式（7-61）、式（7-66）、式（7-67）、式（7-68），解得常系数 A 为：

$$A = -\frac{r_2^2}{r_2^2 - r_1^2 + r_0^2} \times \frac{2}{2\cosh(\beta L) + \beta L k \sinh(\beta L)} \sigma_0 \tag{7-69}$$

将式（7-69）代入式（7-60）、式（7-61），求得纤维 1 轴向应力及界面处剪应力分别为：

$$\bar{\sigma}_{\mathrm{z}}^{\mathrm{f_1}} = \frac{r_2^2}{r_2^2 - r_1^2 + r_0^2}\left(1 - \frac{2\cosh(\beta z)}{2\cosh(\beta L) + \beta L k \sinh(\beta L)}\right)\sigma_0 \tag{7-70}$$

$$\tau_{\mathrm{iz}} = \frac{r_0 r_2^2}{r_2^2 - r_1^2 + r_0^2} \times \frac{\beta \sinh(\beta z)}{2\cosh(\beta L) + \beta L k \sinh(\beta L)} \sigma_0 \tag{7-71}$$

令：

$$T_1 = 1 + \frac{\beta L k}{2}\tanh(\beta L) \tag{7-72}$$

则式（7-70）和式（7-71）可分别简化为：

$$\bar{\sigma}_z^{f_1} = \frac{r_2^2\sigma_0}{r_2^2 - r_1^2 + r_0^2}\left(1 - \frac{\cosh(\beta z)}{T_1\cosh(\beta L)}\right) \tag{7-73}$$

$$\tau_{iz} = \frac{r_0 r_2^2\sigma_0}{r_2^2 - r_1^2 + r_0^2} \times \frac{\beta\sinh(\beta z)}{2T_1\cosh(\beta L)} \tag{7-74}$$

将式（7-70）代入式（7-52），求得纤维 2 轴向应力：

$$\bar{\sigma}_z^{f_2} = \frac{\sigma_0 r_2^2}{r_2^2 - r_1^2} \times \frac{1}{r_2^2 - r_1^2 + r_0^2}\left(r_2^2 - r_1^2 - r_0^2\frac{2\cosh(\beta z)}{2\cosh(\beta L) + \beta L k\sinh(\beta L)}\right) \tag{7-75}$$

（6）求复合材料整体弹性模量 E_c

当不考虑纤维锥尖部分的影响时，纤维 1 中段部分沿纵向的平均应力为：

$$\overline{\sigma_{f_1}} = \frac{1}{L}\int_0^L \bar{\sigma}_z^{f_1}\mathrm{d}z = \frac{r_2^2\sigma_0}{r_2^2 - r_1^2 + r_0^2}\left(1 - \frac{\tanh(\beta L)}{\beta L T_1}\right) \tag{7-76}$$

参考 Fu 等的工作[68]，对纤维中段部分引入纤维长度因子（fiber-length factor）：

$$\eta_s = 1 - \frac{\tanh(\beta L)}{\beta L T_1} \tag{7-77}$$

求得复合材料弹性模量为：

$$E_c = \eta_s E_f v_f + E_m v_m \tag{7-78}$$

当考虑锥尖部分的影响时，纤维 1 沿纵向平均应力为：

$$\begin{aligned}\overline{\sigma_{f_1}'} &= \frac{1}{L+l}\left(\int_0^L \bar{\sigma}_z^{f_1}\mathrm{d}z + \int_0^l \sigma_z^{t}\mathrm{d}z'\right)\\ &= \frac{1}{L+l}\left(\int_0^L \bar{\sigma}_z^{f_1}\mathrm{d}z + \int_0^l \bar{\sigma}_z^{f_1}(L)\mathrm{d}z'\right)\\ &= \frac{L}{L+l} \times \frac{r_2^2\sigma_0}{r_2^2 - r_1^2 + r_0^2}\left[\eta_s + k\left(1 - \frac{1}{T_1}\right)\right]\\ &= T_2\frac{L}{L+l} \times \frac{r_2^2\sigma_0}{r_2^2 - r_1^2 + r_0^2}\eta_s\end{aligned} \tag{7-79}$$

其中：

$$T_2 = 1 + \frac{k(1 - 1/T_1)}{\eta_s} \tag{7-80}$$

令：

$$\eta_t = T_2 \frac{L}{L+l} = T_2 \frac{1}{1+k} \tag{7-81}$$

式中，η_t 为锥尖长度影响因子。

则考虑锥尖影响的复合材料弹性模量可表示为：

$$E_c = \eta_t \eta_s E_f v_f + E_m v_m \tag{7-82}$$

7.4 竹维管束鞘纵向弹性模量求解

竹维管束良好的力学性能是由竹纤维的性能决定的。选用合适的力学模型，利用竹纤维测试结果可以对竹维管束的力学性能作出预测。这里结合竹纤维的测试结果，利用修正剪滞模型 MSL 及其他已有模型对竹维管束复合材料的等效弹性模量做计算。

7.4.1 模型参数的选取

利用测得的竹纤维弹性模量对竹维管束鞘的等效弹性模量做预测，并将计算结果与本章对毛竹维管束的测试结果做了比较。

在单个竹纤维胞元中，竹纤维体积含量很高。胞间层厚度非常小，加之它与纤维初生壁紧紧贴在一起，所以很难测取胞间层的厚度。Parameswaran 和 Liese 测试出，在竹材中胞间层和初生壁厚度约为 0.18μm，可知相邻纤维间胞间层厚度约为 0.36μm，另外，Wimmer 和 Lucas 测得红杉管胞胞间层厚度小于 0.5μm。我们在扫描电镜下对竹纤维实施观察，测得胞间层厚度约为 0.5μm（图 7-3）。

在维管束中不同位置处，纤维的粗细并不一样，一般外侧纤维粗（直径约为 15μm），内侧纤维细（直径约为 10μm），可取半径 r_0 变化范围在 5～7.5μm 之间的纤维进行分析。

本章通过对离析竹纤维的实际测量，得到纤维平均长度为 1.1mm，尖端平均长度约为 125μm。

针对图 7-7、图 7-8 中的代表体元模型，给定参数如下。

纤维 1 半径 r_0=5～7.5μm；

胞间层厚度 s=0.5μm；

纤维 2 内、外半径分别为：$r_1 = r_0 + s$，$r_2 = r_1 + r_0 = 2r_0 + s$；

纤维中间部位长度 $L = 550\mu m$；

纤维锥尖部位长度 $l = 125\mu m$；

纤维弹性模量 $E_f = 33.83GPa$ [27]；

胞间层弹性模量与竹材薄壁细胞弹性模量相同：$E_m = 2.16GPa$ [25]；

参考车慎思[55]对宏观竹材的测试结果，可令胞间层泊松比 $\mu_m = 0.28$。

7.4.2 模型预测结果的比较

基于平面矩形板单元，TSC 模型[76]给出了复合材料弹性模量计算公式。对圆柱形纤维模型，我们对 TSC 模型重新做了推导，得到复合材料弹性模量计算公式如下：

$$\frac{1}{E} = \frac{1}{v_f E_f} + \frac{2(1-\sqrt{v_f})}{G_m {v_f}^{3/2} q^2} \tag{7-83}$$

针对选定的参数，我们利用复合材料 ROM 公式、Halpin-Tsai 经验计算公式、TSC 模型以及本章提出的修正剪滞模型 MSL 对毛竹维管束鞘的弹性模量做了计算。表 7-3 给出了不同纤维半径时毛竹维管束鞘的等效弹性模量计算结果。

表 7-3　毛竹维管束鞘计算结果

纤维半径 /μm	维管束鞘弹性模量 E /GPa			
	ROM	Halpin-Tsai	TSC	MSL
r_0=5.0	30.8856	30.7495	30.6781	30.3028
r_0=7.5	31.8197	31.6835	31.6722	31.1492

对基部节间维管束作拉伸测试，测得距竹青 1mm 位置处维管束弹性模量为 29.5GPa，排除导管等多孔相的面积后，得到维管束鞘弹性模量为 30.97GPa。

将上述各模型预测结果与实际竹维管束鞘测试结果比较发现，各模型预测范围均与竹维管束鞘测试结果相差不大。总体来说，几种模型计算结果相差并不十分明显。这主要是因为基体胞间层体积含量非常小，而维管束鞘中纤维体积含量又非常高，纤维体积含量一般可达 90%甚至更高。事实上，纤维体积含量越高，复合材料的力学性能与纤维的力学性能也就越接近，也就越不易区分这几种模型的优劣。

在上述几种模型中，ROM 模型给出的复合材料弹性模量计算公式最为简单，应用该模型可以迅速给出预测结果，ROM 模型的不足之处是无法对复合材料内部应力场、位移场做准确描述。TSC 模型虽然考虑了纤维/基体间的应力传递问题，但它作出了界面剪应力沿纤维长度保持不变的假设，与竹纤维复合材料相比，该模型更适合于对纳米尺度下的生物材料做分析。MSL 模型考虑了纤维的几何形态及其端部情况，对纤维与基体间的应力传递情况做了详细推导，给出了纤维轴向应力和纤维/基体间界面剪应力的计算公式，该模型更适合于对竹维管束微观结构做应力分析，同时应用该模型还可以分析竹纤维几何参数包括长径比、纤维锥尖长短以及体积含量等因素对应力传递问题的影响。

竹纤维为由微纤丝构成的空心多层厚壁圆筒，这种层状多壁结构对竹纤维的力学性能有着重要影响。MSL 模型对纵向载荷作用下维管束内纤维的受力情况做了分析，借助该结果，我们可以进一步对竹纤维微观结构做受力分析。由于竹纤维微观结构的复杂性以及试验条件的限制，这部分工作我们尚未展开，关于竹纤维在外部载荷作用下的具体受力分析，我们将在后续工作中做进一步研究。

7.5 纤维几何参数对复合材料体内应力分布的影响效应

竹维管束良好的力学性能与纤维的力学性能以及纤维几何形态有关，在竹维管束中，纤维几何尺寸变化很大，一般纤维的长径比变化范围在 50～120 之间，锥尖长度与纤维中段长度的比值约为 1/20～1/3，纤维粗细不一，在胞间层厚度不变的情况下，纤维的体积含量变化范围约为 89%～95%。表 7-4 给出了我们对竹纤维几何参数的观测情况。

表 7-4　毛竹纤维几何参数

参数	纤维半径 r_0 /μm	纤维体积含量 v_f	中段长径比 q	锥尖长径比 q^t	锥尖长度比例 k
最大值	11.2	0.96	115.9	17.2	0.25
最小值	4.2	0.89	48.0	4.4	0.06
平均值	7.3	0.93	79.0	9.1	0.1

利用修正剪滞模型 MSL，我们考虑了纤维几何参数变化对复合材料体内应力分布的影响效应。

首先将纤维应力无量纲化。对纤维中段部分，在式（7-70）和式（7-71）左右两边分别除以复合材料平均轴向应力 σ_0，得到纤维 1 中段部分的轴向应力及界面处剪应力分别为：

$$\bar{\sigma}=\frac{\sigma_{\mathrm{f}}}{\sigma_0}=\frac{1}{\sqrt{v_{\mathrm{f}}}}\left(1-\frac{2\cosh(\beta z)}{2\cosh(\beta L)+\beta Lk\sinh(\beta L)}\right) \tag{7-84}$$

$$\overline{\tau}=\frac{\tau_{iz}}{\sigma_0}=\frac{1}{q\sqrt{v_f}}\times\frac{\beta L\sinh(\beta z)}{2\cosh(\beta L)+\beta Lk\sinh(\beta L)} \tag{7-85}$$

式中，σ_f 表示纤维 1 的轴向应力 $\overline{\sigma}_z^{f_1}$ 。

纤维尖端部分轴向正应力沿轴向保持不变，由连续性可知恒等于 $\overline{\sigma}$ 在 $z=L$ 处的值。

7.5.1 纤维长径比 q 对纤维应力的影响

由剪滞参数 β 的表达式可知，β 与纤维长径比 q 成正比，随着 q 的增大，β 逐渐增大，应力传递特征长度 $1/\beta$ 逐渐减小。由式（7-84）、式（7-85）可知，纤维长径比 q 的大小只对纤维端部参与应力传递的区域有影响。由式（7-66）可知，纤维长径比 q 的变化（$q^t=kq$）对纤维锥尖部分的轴向应力也有影响。

针对不同的纤维长径比 q，图 7-9（a），（b）分别给出了纤维轴向正应力以及纤维/基体间界面剪应力沿纤维长度的变化趋势，其中，给定锥尖长度比例 k=0.1，纤维体积含量 v_f=0.95。从图中可以看出，纤维在靠近端部位置处与周围基体发生应力传递，基体通过剪应力将载荷传递至纤维。一般纤维长径比 q 越小，β 越小，应力传递也越缓慢，同时纤维中段参与应力传递的范围也就越宽（因为这时 $1/\beta$ 变大），而随着纤维长径比 q 的增大，纤维参与应力传递的范围将逐渐变窄，应力传递将愈发迅速。另外，锥尖部分的应力值随着 q 的增大而逐渐增大，使得纤维中段轴向应力与锥尖部分应力差值逐渐减小，减小了纤维端部的应力集中程度。

纤维中段部位承受的轴向正应力最大，依据图 7-9（a）所示应力变化情况可知，增加长径比 q 对纤维最大正应力的影响不明显。据此判断，如果纤维的失效方式取决于纤维轴向正应力的大小，那么采取增大纤维长径比的方法并不十分有效。

从图 7-9（b）中可以看出，界面最大剪应力发生在纤维端部锥尖部位，故这些部位最容易发生界面脱黏现象。比较纤维长径比与剪应力的关系发现，纤维长径比越大，其最大剪应力就越小，由此可以得到这样的结论：如果纤维的失效方式取决于界面剪应力的强弱程度，那么纤维长径比越大，其承载能力就越强。

上述所得结论与前人对其他材料如碳纳米管及纤维素纳米复合材料等的研究结论一致。

根据纤维及界面处应力分布情况也可以对维管束拉伸破坏现象做分析。由于纤维端部锥尖部位剪应力最大，当这些部位发生局部界面脱黏时，纤维锥尖部分不再参与应力传递，这时令 k=0，纤维端部应力变成自由边界条件［式（7-84）］，由于纤维/基体界面在裂尖位置处剪应力仍然最大［式（7-85）］，因此裂纹会沿着纤维与基体间的界面继续扩展，直至试样发生整体破坏。

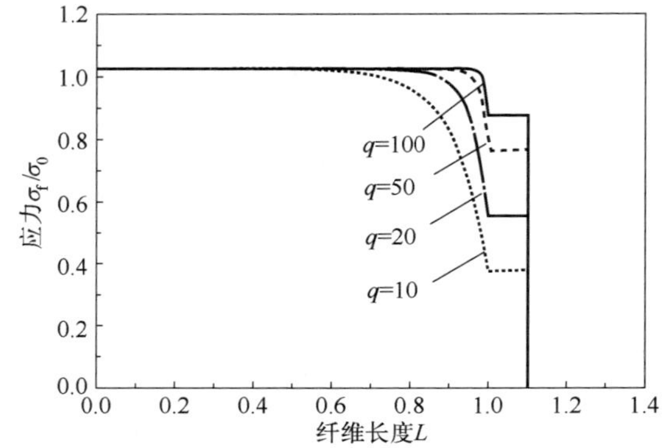

(a) 正应力

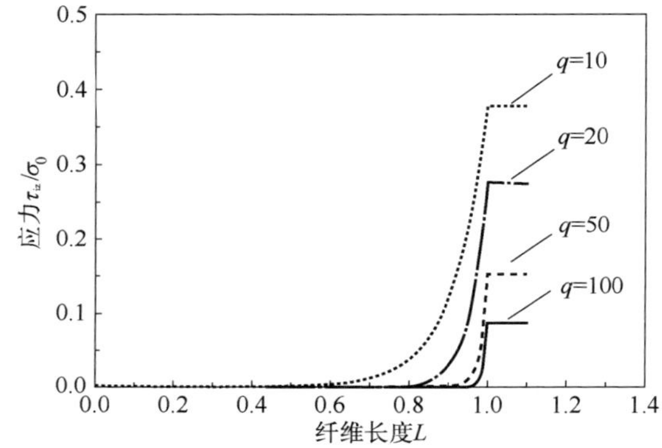

(b) 界面剪应力

图 7-9 不同长径比情况下纤维轴向应力沿纤维长度的分布情况

（v_f=0.95，k=0.1）

7.5.2 纤维体积含量对纤维应力的影响

由剪滞参数β的表达式（7-59）可知，β与纤维体积含量 v_f 有关，随着 v_f 的增大，β逐渐增大，应力传递特征长度$1/\beta$将随之变小。另外由式（7-84）、式（7-85）可知，纤维体积含量的大小对纤维轴向应力也有影响，随着 v_f 的增大，$\bar{\sigma}$逐渐减小。

图 7-10 分别给出了不同体积含量下纤维轴向正应力和剪应力的变化情况，其中，纤维长径比为q=80，纤维尖端长度比例为k=0.1。

从图中可以看出，当纤维体积含量 v_f较小时（如 v_f=0.50），基体与纤维间应力传递较为缓慢，传递范围较宽。随着纤维体积含量 v_f的增加，纤维与基体间发生应力传递的长度范围越来越窄，界面处的剪应力迅速衰减至零，这时应力迅速由基体传递至纤维。同时发现，随着 v_f的增大，纤维中段轴向承受的正应力逐渐变小，当纤维体积含量趋于 1 时，基体消失，应力将全部由纤维承担。

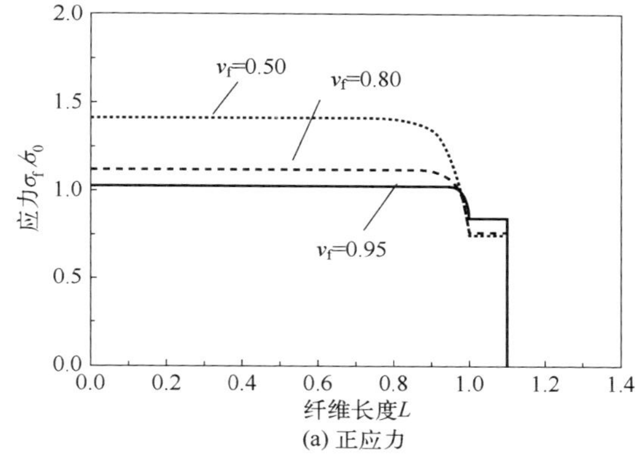

(a) 正应力

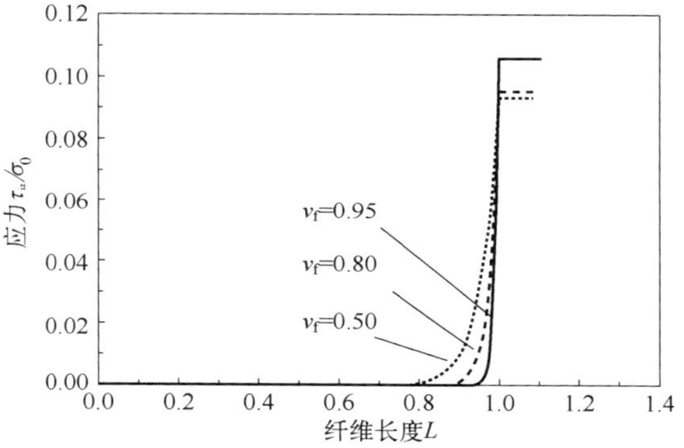

(b) 剪应力

图 7-10 不同体积比情况下纤维轴向应力沿纤维长度的分布情况

（q=80， k=0.1）

另外，观察纤维锥尖位置处的应力发现，纤维体积含量对锥尖位置处的应力也有影响，一般纤维体积含量越高，锥尖部位承受的应力越大。

7.5.3 纤维锥尖长度对纤维应力的影响

考虑纤维端部尖端长度对剪滞参数 β 和纤维轴向正应力的影响效应，由剪滞参数 β 的表达式可知，β 与纤维尖端长度无关，故纤维尖端长度的变化对 β 无影响，纤维与基体间发生应力传递的区域宽度不变，均为 $1/\beta$。

图 7-11 给出了在纤维中段长径比一定、体积含量一定的情况下（这里设 q=80，v_f=0.90），纤维轴向正应力和界面剪应力随纤维尖端长度的变化情况。由纤维中段轴向应力表达式和图 7-11（a）可知，锥尖长度比例 k 对纤维端部 $z=L$ 处的轴向应力 $\bar{\sigma}$ 有影响，随着锥尖长度比例 k 的增加，$\bar{\sigma}$ 将逐渐增大。与纤维轴向应力变化规律相反，由界面剪应力表达式和图 7-11（b）可知，界面剪应力最大值随着锥尖长度比例 k 的增加而逐渐减小。

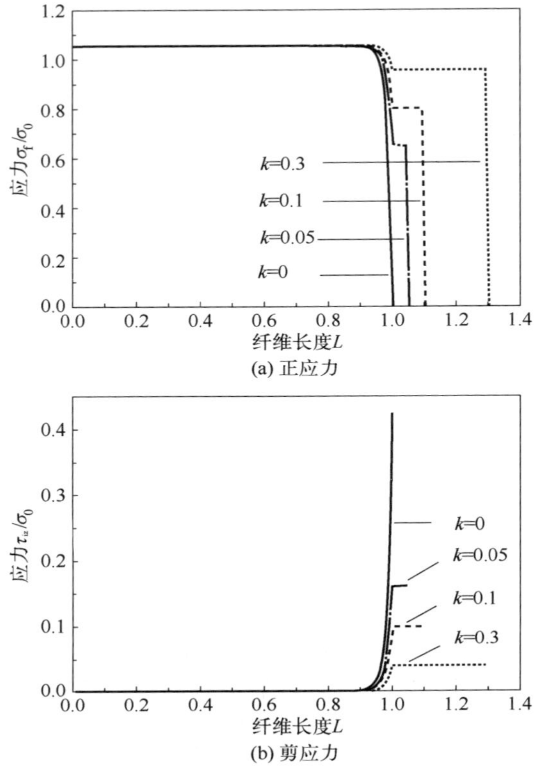

图 7-11　不同尖端长度情况下纤维轴向应力沿纤维长度的分布情况

（q=80，v_f=0.90）

随着纤维尖端长度的增加，纤维在 $z=L$ 处的轴向应力逐渐增加，可见纤维尖端的存在减小了端部的应力集中，避免了应力的急剧变化。锥尖长度比例 k 可在 0～∞范围内变化，当锥尖长度比例 k 等于 0 时，锥尖消失，锥尖部分不再参与应力传递，这时修正剪滞模型完全退化为传统 Cox 剪滞模型；而当 $k\to\infty$ 时，纤维中段与锥尖部分的应力值将趋于相同，剪滞效应消失。

7.5.4　纤维长径比对复合材料弹性模量的影响

针对 MSL 模型给出的复合材料弹性模量计算公式，可以考察纤维几何参数变化对复合材料弹性模量的影响。当仅考虑纤维中段影响时，采用式（7-78）计算复合材料弹性模量；当考虑锥尖效应时，采用式（7-82）计算复合材料弹性模量。

对竹维管束鞘而言，纤维体积含量变化范围很小，这里仅考虑纤维长径比变化对复合材料弹性模量的影响。在纤维与基体模量比值恒定、胞间层厚度不变的情况下，图 7-12 给出了复合材料弹性模量随纤维长径比 q 的变化曲线，其中纤维体积含量 v_f=0.92，纤维尖端长度比例 k=0.1。图中分别给出了混合定律模型（ROM）、拉剪链模型（TSC）和仅考虑纤维中段（MSL_M）以及考虑锥尖效应（MSL_M+T）时的 MSL 模型预测结果。

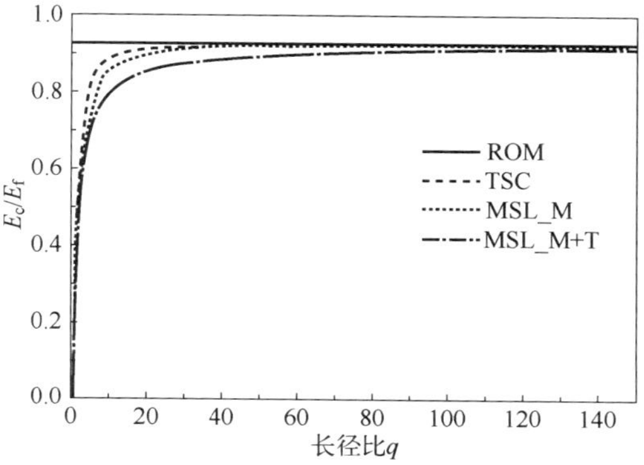

图 7-12　复合材料弹性模量随长径比的变化情况（v_f=0.92）

注：ROM 为混合定律预测结果，TSC 为拉剪链模型预测结果，MSL_M 为仅考虑纤维中段时的预测结果，MSL_M+T 为考虑纤维锥尖影响时的预测结果

从图中可以看出，复合材料弹性模量与纤维长径比有关，当纤维长径比 q 较小时，复合材料弹性模量随纤维长径比的增大而迅速增大，但当纤维长径比增大到一定程度时，TSC 模型以及 MSL 模型预测结果逐渐趋近于 ROM 预测值。

另外，从模型预测结果也可以看出，当纤维长径比 q 较小时，由于锥尖效应 η_t 的影响使得复合材料弹性模量预测结果较不考虑锥尖效应时偏小。当纤维长径比 q 逐渐增大时，锥尖效应 η_t 的影响减弱，当 η_t 趋于 1 时，式（7-78）与式（7-82）预测结果趋于相同。

7.5.5　模型待改进之处

本章利用修正剪滞模型 MSL 对竹维管束微观力学性能做了初步探讨。需要说明的是，由于参数的选择有限，模型在应用过程中尚存在一些不足之处，需要在下一步研究中加以改进，具体表现在以下几个方面。

① 试样数据差异性带来的影响。要实现对模型预测结果和实测值的合理比较，应当对同一竹材的同一根维管束进行比较，因为试样采集地、竹龄、

取材部位（取样节间、壁层位置）等都会对试验结果造成影响。但在模型计算过程中，毛竹纤维与毛竹维管束并不是完全取自同一部位，二者之间存在一定误差。

② 维管束中纤维差异性带来的影响。同一维管束中，纤维数量众多，不同位置处纤维的粗细、长短、壁厚、木质素含量等都在发生变化，纤维的长径比、弹性模量等也不尽相同，采用纤维平均几何参数以及平均弹性模量对维管束做预测，这也会给计算结果带来一定影响。

③ 基体参数的选取。胞间层厚度非常薄，对胞间层厚度做测量的文献很少，对胞间层弹性模量作测试的文献则尚未见报道，模型用薄壁细胞组织的弹性模量代替胞间层的弹性模量，用竹材宏观结构的泊松比代替胞间层的泊松比，并不是十分恰当。

④ 相邻竹纤维之间并不完全呈规则错列排布，它们往往呈不规则错列排布，模型还需进一步改进。

修正剪滞模型 MSL 应用过程中，限于可参考和借鉴的数据太少，这里只能对竹维管束鞘力学性能作定性分析，要想对竹维管束微观力学性能做精确分析，还需要提供更为翔实、更为准确的试验数据，另外，测试的纤维与维管束还应尽可能取自竹材同一位置。

7.6 小结

微观尺度下，竹维管束鞘由竹纤维和基体组成。通过观察维管束微观结构，提出了修正剪滞模型，利用该模型对竹维管束和竹纤维的力学性能做了分析。

本章主要结论如下：

① 通过扫描电镜对竹维管束中的纤维做了观察，发现竹纤维中段部分为六棱柱体，纤维两端不是平截面，而是呈六棱锥形。

② 根据竹纤维的几何形态建立了竹纤维复合材料代表体元。

③ 对已有细观力学模型做了回顾；针对竹纤维端部呈锥形的情况，考虑纤维端部尖端受力，提出了改进的剪滞模型 MSL。

④ 利用改进的剪滞模型 MSL 对维管束鞘体内竹纤维与基体间的应力场做了理论分析，推导出了维管束鞘的弹性模量表达式，在此基础上，将维管束鞘弹性模量的理论预测值与实际测试值做了比较。通过与其他已有模型的比较，认为改进的剪滞模型 MSL 可以对竹维管束微观结构力学性能做分析。

⑤ 利用改进的剪滞模型 MSL 推导结果，分析了纤维长径比、体积含量以及纤维锥尖长度等几何参数变化对复合材料体内应力分布的影响效应，并给出了复合材料弹性模量的计算表达式。

⑥ 纤维中段部位承受的轴向正应力最大，界面最大剪应力发生在纤维端部锥尖部位，这些部位最容易发生界面脱黏现象。纤维长径比越大，其承载能力就越强。

第8章 竹材结构多尺度力学性能的关联

相关研究人员对天然植物纤维及其复合材料作了大量测试研究工作，极大地促进了天然纤维复合材料的发展，但相关力学基础理论研究工作还很欠缺，对复合材料建立合适的理论模型并将其应用于工程实际是迫切需要解决的重要内容。

竹材及其维管束大纤维作为复合材料增强相也被广泛应用于复合材料工业领域。竹材是一类典型的天然纤维复合材料，它具有多尺度层次结构，具有从亚细胞水平、细胞水平、组织水平到宏观尺度的多级复合结构。本书针对毛竹的力学性能做了跨尺度基础研究，分析其宏观微观力学行为，对竹材和竹维管束大纤维的应用有着积极重要的意义。通过合理的力学理论模型分析竹材结构的变异规律，也可以为研究天然纤维复合材料力学性能以及研制新型仿生功能梯度材料提供参考依据。

本章综合前面各章的内容，探索竹材在不同结构尺度下的力学行为，旨在通过对竹材宏、细、微、纳观各级结构开展力学测试和理论研究，建立竹材结构多尺度力学模型，全面揭示竹材良好力学性能的本质。

8.1 竹材结构微观尺度和细观尺度力学性能之间的关系

本书第 4 章从不同茎节位置处的竹材篾片中提取出完整的竹维管束，对单根毛竹维管束进行拉伸测试，得到了毛竹维管束力学性能在不同茎节位置处的变化规律。第 6 章则对竹材不同部位处的单纤维开展了拉伸测试，测取了毛竹单纤维的力学性能，获得了毛竹单纤维在不同茎节位置处的力学性能数据。下面对维管束及单纤维二者间关系进行分析。

微观尺度下，竹维管束鞘由竹纤维和基体组成。本书第 7 章针对维管束中纤维的错列排布方式，并结合纤维的几何特征，建立了竹纤维力学模型。考虑纤维端部锥形尖端受力情况，建立了改进的剪力滞后模型 MSL。考虑纤维长径比、体积含量和锥尖长度等几何参数对纤维轴向应力以及纤维/基体界面剪应力分布的影响，利用改进的剪力滞后模型 MSL 对维管束的弹性模量做了计算，并与竹维管束实际测试值进行了比较。

这里设纤维的强度、弹性模量及体积含量分别为σ_f、E_f、v_f，基体强度、弹性模量及体积含量分别为σ_m、E_m、v_m，维管束鞘的强度和弹性模量分别用σ_{VB}、E_{VB}表示。则由式（7-82）可以得到维管束鞘复合材料弹性模量：

$$E_{VB}=\eta_t\eta_s E_f v_f + E_m v_m \quad (8\text{-}1)$$

维管束中存在着导管和筛管等空腔，在建立竹材结构微观尺度和细观尺度力学性能间的关系时，必须考虑空腔对维管束的影响。

设 v_p 为孔洞体积含量，n 为孔洞效率幂指数（对植物纤维复合材料一般取 n=2），参考 Madsen 等[85]给出的植物纤维增强复合材料力学性能的计算公式（7-11），得到：

$$E_{VB}=(\eta_t\eta_s E_f v_f + E_m v_m)(1-v_p)^2 \quad (8\text{-}2)$$

基于上述结果可以建立竹材结构中纤维与维管束间力学性能间的关系。

8.2 竹材结构细观尺度和宏观尺度力学性能之间的关系

竹材是功能梯度材料。竹材细观结构中，沿竹材壁厚方向，竹维管束分布不均匀，其分布密度、截面尺寸以及力学性能都在发生着改变。由于竹材细观结构中存在这些变化，经典混合定律基本假设条件得不到满足。第 5 章采用修正混合定律模型 MROM 对竹材篾片与竹维管束、基体力学性能作了分析，得到了竹材篾片的弹性模量和强度计算公式。

设竹材篾片的强度和弹性模量分别为σ_{slice}、E_{slice}，木质素基体的强度和弹性模量分别为σ_{matrix}、E_{matrix}，维管束的体积含量用v_{VB}表示，参考式（5-12）、式（5-18）得到如下公式。

竹材篾片的弹性模量计算公式：

$$E_{slice}=E_{VB}v_{VB}^2+E_{matrix}(1-v_{VB}^2) \quad (8\text{-}3)$$

竹材篾片的强度计算公式：

$$\sigma_{slice}=\sigma_{VB}v_{VB}^2+\sigma_{matrix}(1-v_{VB}^2) \quad (8\text{-}4)$$

上面两式给出了竹材细观结构中维管束与宏观竹材篾片力学性能间的关系。

8.3 竹材宏观结构功能梯度力学性能变化规律的多尺度表征

竹材为功能梯度材料，竹材宏观结构的功能梯度力学性能变化规律与其细观结构及微观结构有关。通过前面各章对竹材节间、竹材薄片、维管束及单纤维所做的系统测试，可以得到毛竹宏观结构强度、弹性模量等力学性能沿竹壁径向的梯度变化规律。

根据第 4 章对竹维管束、基体的测试结果我们知道，竹维管束的弹性模量[式（4-6）]、强度［式（4-5）］和体积含量［式（4-1）］沿壁厚方向自内向外都呈线性增加趋势。

进一步结合修正混合定律模型 MROM 所得式（8-3）、式（8-4），可以得到竹材整体的弹性模量 E_{Bamboo} 沿壁厚 r 的变化规律为：

$$E_{\mathrm{Bamboo}}=A\overline{r}^{3}+B\overline{r}^{2}+C\overline{r}+D \tag{8-5}$$

同理，可以得到竹材整体的强度 σ_{Bamboo} 沿壁厚 r 的变化规律：

$$\sigma_{\mathrm{Bamboo}}=A'\overline{r}^{3}+B'\overline{r}^{2}+C'\overline{r}+D' \tag{8-6}$$

综上得出毛竹宏观结构弹性模量和强度沿竹材壁厚的分布规律均呈三次抛物线形式。

虽然本书对竹材跨尺度力学分析取得了一定成果，但研究过程中发现还存在一些不足，有待进一步研究。

① 竹纤维力学模型研究。竹纤维力学性能优异与其微观结构有关，竹纤维结构较木材纤维结构复杂得多，它是由薄厚交替的壁层构成的空心多层厚壁圆筒，每个壁层又由更为细小的微纤丝构成，在各壁层中，微纤丝以一定角度按螺旋方式排布。可以利用复合材料细观力学相关理论对竹纤维开展细胞壁力学研究，但目前对竹材纤维各壁层力学性能的相关研究还很欠缺，这限制了对竹纤维的微纳尺度力学建模分析。

② 对不同维管束类型做研究。不同的竹种可以通过对维管束解剖形态的分析来加以区分，竹材维管束类型包括双断腰型、断腰型、紧腰型、开放型和半开放型共 5 种类型。研究人员通过研究，指出了竹维管束的进化方向：双断腰型→断腰型→紧腰型→开放型→半开放型。纤维束从有到无，从分到合，体现了维管束

结构的自然演化方向。不同维管束之间力学性能必然存在着一定差异，对不同维管束类型开展力学性能研究对揭示竹材的自然演化方向具有重要意义，这方面的工作有待深入展开。

③ 竹材结构的功能梯度变化规律，也可以为研制新型仿生功能梯度材料提供参考依据。另外，竹材结构的细观力学模型也可以应用于对天然纤维复合材料做理论分析。

参考文献

[1] Bledzki A K, Faruk O, Sperber V E. Cars from Bio-Fibres[J]. Macromolecular Materials and Engineering, 2006, 291 (5): 449-457.

[2] Liese W. The anatomy of bamboo culms[M]. Leiden: Brill Academic Publishers, 1998.

[3] 腰希申，鹿铁梅，马乃训，等. 中国竹材结构图谱[M]. 北京：科学出版社, 2002.

[4] Amada S, Ichikawa Y, Munekata T, et al. Fiber texture and mechanical graded structure of bamboo[J]. Composites Part B: Engineering, 1997, 28 (1): 13-20.

[5] Amada S, Munekata T, Nagase Y, et al. The mechanical structures of bamboos in viewpoint of functionally gradient and composite materials[J]. Journal of Composite Materials, 1996, 30 (7): 800-819.

[6] Amada S, Untao S. Fracture properties of bamboo[J]. Composites Part B: Engineering, 2001, 32 (5): 451-459.

[7] Chung K, Yu W. Mechanical properties of structural bamboo for bamboo scaffoldings[J]. Engineering structures, 2002, 24 (4): 429-442.

[8] Lo T Y, Cui H, Tang P, et al. Strength analysis of bamboo by microscopic investigation of bamboo fibre[J]. Construction and Building Materials, 2008, 22 (7): 1532-1535.

[9] Niklas K J. Responses of hollow, septate stems to vibrations: biomechanical evidence that nodes can act mechanically as spring-like joints[J]. Annals of Botany, 1997, 80 (4): 437-448.

[10] 王军芳，卢超丰，田尔布，等. 三明毛竹材的顺纹抗拉力学性能分析[J]. 三明学院学报，2021, 38 (6): 93-101.

[11] 郝际平，秦梦浩，田黎敏，等. 毛竹顺纹方向力学性能的试验研究[J]. 西安建筑科技大学学报(自然科学版), 2017, 49 (6): 777-783.

[12] 马媛媛，朱松松. 安吉毛竹主要力学性能的测定[J]. 实验科学与技术, 2013, 11 (4): 22-24, 68.

[13] 曹振华，刘元，苌姗姗，等. 毛竹圆竹基础力学性能[J]. 中南林业科技大学学报，2024, 44 (8): 169-179.

[14] Tan T, Rahbar N, Allameh S M, et al. Mechanical properties of functionally graded hierarchical bamboo structures[J]. Acta Biomaterialia, 2011, 7 (10): 3796-3803.

[15] Xing D, Chen W, Ma J, et al. Structural bionic design for thin-walled cylindrical shell against buckling under axial compression[J]. Proceedings of the Institution of Mechanical Engineers, Part C: Journal of Mechanical Engineering Science, 2011, 225 (11): 2619-2627.

[16] Li S, Zeng Q, Xiao Y, et al. Biomimicry of bamboo bast fiber with engineering composite materials[J]. Materials Science and Engineering: C, 1995, 3 (2): 125-130.

[17] Osorio L, Trujillo E, Van Vuure A, et al. Morphological aspects and mechanical properties of single bamboo fibers and flexural characterization of bamboo/epoxy composites[J]. Journal of Reinforced Plastics and Composites, 2011, 30 (5): 396-408.

[18] Yu Y, Jiang Z H, Fei B H, et al. An improved microtensile technique for mechanical characterization of short plant fibers: a case study on bamboo fibers[J]. Journal of Materials Science,

2011, 46 (3): 739-746.
[19] 王戈，余雁，曹双平，等．微拉伸技术测试植物单根纤维纵向拉伸性能[J]．林业科学，2011(07): 151-155.
[20] 黄艳辉，费本华，余雁，等．毛竹单根纤维的力学性质研究[J]．中国造纸, 2009(08): 10-12.
[21] Xu H, Li J, Ma X, et al. Intelligent analysis technology of bamboo structure. Part Ⅱ: The variability of radial distribution of fiber volume fraction[J]. Industrial Crops and Products, 2021, 174: 114164.
[22] Nogata F, Takahashi H. Intelligent functionally graded material: bamboo[J]. Composites Engineering, 1995, 5 (7): 743-751.
[23] Ray A K, Das S K, Mondal S, et al. Microstructural characterization of bamboo[J]. Journal of Materials Science, 2004, 39 (3): 1055-1060.
[24] Li H B, Shen S P. Experimental Investigation on Mechanical Behavior of Moso Bamboo Vascular Bundles[J]. Key Engineering Materials, 2011, 462: 744-749.
[25] Li H B, Shen S P. The mechanical properties of bamboo and vascular bundles[J]. Journal of Materials Research, 2011, 26 (21): 2749-2756.
[26] Li Z, Chen C, Mi R, et al. A Strong, Tough, and Scalable Structural Material from Fast-Growing Bamboo[J]. Advanced Materials, 2020, 32 (10): 1906308.
[27] 黄艳辉．毛竹纤维细胞力学性质研究[D]．北京：中国林业科学研究院, 2010.
[28] Yu Y, Fei B, Zhang B, et al. Cell-wall mechanical properties of bamboo investigated by in-situ imaging nanoindentation[J]. Wood and Fiber Science, 2007, 39 (4): 527-535.
[29] 王戈，陈红，余雁，等．竹纤维细胞水平的物理力学性能精细表征技术[J]．北京林业大学学报, 2011(04): 143-148.
[30] Zou L, Jin H, Lu W Y, et al. Nanoscale structural and mechanical characterization of the cell wall of bamboo fibers[J]. Materials Science and Engineering: C, 2009, 29 (4): 1375-1379.
[31] 国际竹藤中心，浙江省林业科学研究院，北京林业大学，等．植物单根短纤维拉伸力学性能测试方法[S]．中国国家标准化管理委员会, 2017: 12.
[32] 田根林．竹纤维力学性能的主要影响因素研究[D]．北京：中国林业科学研究院, 2015.
[33] 安鑫．毛竹纤维细胞壁微纤丝取向与超微构造研究[D]，北京：中国林业科学研究院, 2016.
[34] 王汉坤．水分对毛竹细胞壁及宏观力学行为的影响机制[D]．长沙：中南林业科技大学，2010.
[35] Wang H, An X, Li W, et al. Variation of mechanical properties of single bamboo fibers (Dendrocalamus latiflorus Munro) with respect to age and location in culms[J]. Holzforschung, 2014, 68(3): 291-297.
[36] 李岩，李倩．植物纤维增强复合材料力学高性能化与多功能化研究[J]．固体力学学报，2017, 38 (03): 215-243.
[37] Zhang Z, Cai S, Li Y, et al. High performances of plant fiber reinforced composites—A new insight from hierarchical microstructures[J]. Composites science and technology, 2020, 194: 108151.
[38] Li H, Zhu Q, Lu P, et al. The Gradient Variation of Location Distribution, Cross-Section Area, and Mechanical Properties of Moso Bamboo Vascular Bundles along the Radial Direction[J]. Forests, 2024, 15 (6): 1023.
[39] 李红波，申胜平，郭建刚．基于修正剪滞模型的竹纤维/基体界面应力理论[J]．复合材料学

报, 2018, 35 (8): 2252-2259.
[40] 邵卓平，黄盛霞，吴福社，等. 毛竹节间材与节部材的构造与强度差异研究[J]. 竹子研究汇刊, 2008(2): 48-52.
[41] 曾其蕴，李世红，鲍贤镕. 竹节对竹材力学强度影响的研究[J]. 林业科学，1992(3): 247-252.
[42] 李旭. 楠竹力学性能试验研究及分析[D]. 长沙: 湖南大学, 2011.
[43] 单波，高黎，肖岩，等. 预制装配式圆竹结构房屋的试验与应用[J]. 湖南大学学报(自然科学版), 2013, 40 (3): 7-14.
[44] Wegst U G K, Ashby M F. The structural efficiency of orthotropic stalks, stems and tubes[J]. Journal of Materials Science, 2007, 42 (21): 9005-9014.
[45] Mouka T, Dimitrakopoulos E, Lorenzo R. Insight into the behaviour of bamboo culms subjected to bending[J]. Journal of the Royal Society Interface, 2022, 19: 20210913.
[46] 刘波，陈志勇，殷亚方，等. 两项竹材物理力学性质试验方法标准的比较[J]. 木材工业, 2008, 22 (4): 26-29.
[47] Nishino T, Hirao K, Kotera M, et al. Kenaf reinforced biodegradable composite[J]. Composites science and technology, 2003, 63 (9): 1281-1286.
[48] 腰希申，梁景森，马乃训，等. 中国主要竹材微观构造[M]. 大连: 大连出版社, 1993.
[49] 温太辉，周文伟. 中国竹类维管束解剖形态的研究初报（之二）[J]. 竹子研究汇刊, 1985, 4 (1): 31-43.
[50] 尚莉莉. 毛竹维管束的形态特征及拉伸力学性能研究[D]. 北京: 中国林业科学研究院, 2011.
[51] 冼杏娟，冼定国. 竹材的微观结构及其与力学性能的关系[J]. 竹子研究汇刊，1990, 9 (3): 10-23.
[52] 肖德兴，姚庆国. 厚皮毛竹茎秆的解剖结构[J]. 仲恺农业技术学院学报，2002, 15 (4): 24-27.
[53] 黄盛霞. 竹材的构造与力学行为的关系[D]. 合肥: 安徽农业大学, 2007.
[54] Ray A K, Mondal S, Das S K, et al. Bamboo-A functionally graded composite-correlation betweenmicrostructure andmechanical strength[J]. Journal of Materials Science, 2005, 40 (19): 5249-5253.
[55] 车慎思. 毛竹细观结构与力学性能试验研究[D]. 南京: 南京航空航天大学, 2011.
[56] 杨云芳，刘志坤. 毛竹材顺纹抗拉弹性模量及顺纹抗拉强度[J]. 浙江林学院学报, 1996, 13 (1): 21-27.
[57] Zhou A, Huang D, Li H, et al. Hybrid approach to determine themechanical parameters of fibers andmatrixes of bamboo[J]. Construction and Building Materials, 2012, 35: 191-196.
[58] Shao Z, Fang C, Huang S, et al. Tensile properties of Moso bamboo (Phyllostachys pubescens) and its components with respect to its fiber-reinforced composite structure[J]. Wood Science and Technology, 2010, 44 (4): 655-656.
[59] 张培端. 竹材的细观力学模型与有限元分析[D]. 南京: 南京航空航天大学, 2011.
[60] 苏继龙，周宝锟. 单向复合材料纵向弹性模量 E_x 另一细观计算公式[J]. 沈阳航空工业学院学报, 2002, 19 (3): 7-8.
[61] 朱奇鹏. 毛竹宏、细、微观结构力学性能测试研究[D]. 太谷: 山西农业大学, 2024.
[62] 李红波. 毛竹力学性能的跨尺度研究[D]. 西安: 西安交通大学, 2012.

[63] Fuentes C A, Tran L Q N, Dupont-Gillain C, et al. Wetting behaviour and surface properties of technical bamboo fibres[J]. Colloids and Surfaces A: Physicochemical and Engineering Aspects, 2011, 380 (1-3): 89-99.

[64] Wang X, Ren H, Zhang B, et al. Cell wall structure and formation ofmaturing fibres of moso bamboo (Phyllostachys pubescens) increase buckling resistance[J]. Journal of The Royal Society Interface, 2012, 9: 988-996.

[65] Goh K, Meakin J, Aspden R, et al. Influence of fibril taper on the function of collagen to reinforce extracellular matrix[J]. Proceedings of the Royal Society B: Biological Sciences, 2005, 272 (1575): 1979.

[66] Fu S Y, Yue C Y, Hu X, et al. Analyses of the micromechanics of stress transfer in single- and multi-fiber pull-out tests[J]. Composites science and technology, 2000, 60 (4): 569-579.

[67] Fu S Y, Lauke B, Mäder E, et al. Tensile properties of short-glass-fiber-and short-carbon- fiber-reinforced polypropylene composites[J]. Composites Part A: Applied Science and Manufacturing, 2000, 31 (10): 1117-1125.

[68] Fu S Y, Yue C Y, Hu X, et al. On the elastic stress transfer and longitudinal modulus of unidirectional multi-short-fiber composites[J]. Composites science and technology, 2000, 60 (16): 3001-3012.

[69] Tucker Ⅲ C L, Liang E. Stiffness predictions for unidirectional short-fiber composites: review and evaluation[J]. Composites science and technology, 1999, 59 (5): 655-671.

[70] Lamy B, Baley C. Stiffness prediction of flax fibers-epoxy composite materials[J]. Journal of materials science letters, 2000, 19 (11): 979-980.

[71] Baley C. Analysis of the flax fibres tensile behaviour and analysis of the tensile stiffness increase[J]. Composites Part A: Applied Science and Manufacturing, 2002, 33 (7): 939-948.

[72] Placet V, Trivaudey F, Cissé O, et al. Diameter dependence of the apparent tensile modulus of hemp fibres: a morphological, structural or ultrastructural effect?[J]. Composites Part A: Applied Science and Manufacturing, 2012, 43: 275-287.

[73] Nairn J A. On the use of shear-lag methods for analysis of stress transfer in unidirectional composites[J]. Mechanics of Materials, 1997, 26 (2): 63-80.

[74] Gao X L, Li K. A shear-lag model for carbon nanotube-reinforced polymer composites[J]. International Journal of Solids and Structures, 2005, 42 (5-6): 1649-1667.

[75] Kotha S, Kotha S, Guzelsu N. A shear-lag model to account for interaction effects between inclusions in composites reinforced with rectangular platelets[J]. Composites Science and Technology, 2000, 60 (11): 2147-2158.

[76] Ji B, Gao H. Mechanical properties of nanostructure of biological materials[J]. Journal of the Mechanics and Physics of Solids, 2004, 52 (9): 1963-1990.

[77] Chen B, Wu P, Gao H. A characteristic length for stress transfer in the nanostructure of biological composites[J]. Composites science and technology, 2009, 69 (7-8): 1160-1164.

[78] Liu G, Ji B, Hwang K C, et al. Analytical solutions of the displacement and stress fields of the nanocomposite structure of biological materials[J]. Composites science and technology, 2011, 9: 1190-1195.

[79] Goh K, Aspden R, Mathias K, et al. Effect of fibre shape on the stresses within fibres in fibre-reinforced composite materials[J]. Proceedings of the Royal Society of London Series A:

Mathematical, Physical and Engineering Sciences, 1999, 455 (1989): 3351-3361.

[80] Ng X, Hukins D W L, Goh K. Influence of fibre taper on the work of fibre pull-out in short fibre composite fracture[J]. Journal of Materials Science, 2010, 45 (4): 1086-1090.

[81] Goh K L, Meakin J R, Aspden R M, et al. Stress transfer in collagen fibrils reinforcing connective tissues: Effects of collagen fibril slenderness and relative stiffness[J]. Journal of Theoretical Biology, 2007, 245 (2): 305-311.

[82] Goh K, Aspden R, Mathias K, et al. Finite–element analysis of the effect of material properties and fibre shape on stresses in an elastic fibre embedded in an elastic matrix in a fibre-composite material[J]. Proceedings of the Royal Society of London Series A: Mathematical, Physical and Engineering Sciences, 2004, 460 (2048): 2339.

[83] Yuan F, Stock S R, Haeffner D R, et al. A new model to simulate the elastic properties of mineralized collagen fibril[J]. Biomechanics and modeling in mechanobiology, 2011, 10 (2): 147-160.

[84] Dai Y, Mai Y W, Ji X. Predictions of stiffness and strength of nylon 6/MMT nanocomposites with an improved staggered model[J]. Composites Part B: Engineering, 2008, 39 (6): 1062-1068.

[85] Madsen B, Thygesen A, Lilholt H. Plant fibre composites-porosity and stiffness[J]. Composites science and technology, 2009, 69 (7-8): 1057-1069.